宋韵文化生活系列丛书

应雪林 主编

MEIWEI
JIAYAO

美味佳肴

徐吉军　周鸿承　孙刘伟　著

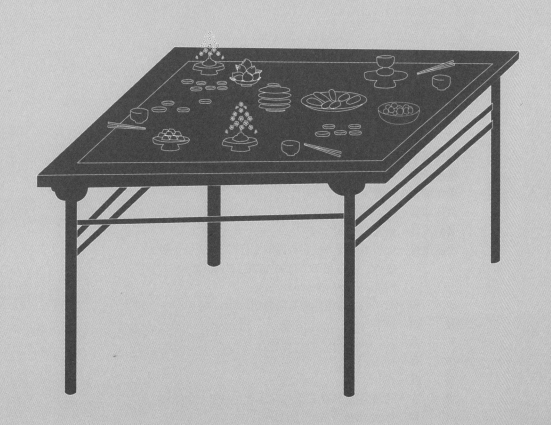

杭州出版社

图书在版编目（CIP）数据

美味佳肴 / 徐吉军，周鸿承，孙刘伟著 . —— 杭州 ：
杭州出版社，2024.4
（宋韵文化生活系列丛书）
ISBN 978-7-5565-2022-0

Ⅰ．①美… Ⅱ．①徐… 周… 孙…Ⅲ．①饮食－文化史
－中国－宋代 Ⅳ．① TS971.202

中国国家版本馆 CIP 数据核字（2023）第 005397 号

项目统筹　杨清华

MEIWEI JIAYAO
美味佳肴

徐吉军　周鸿承　孙刘伟　著

责任编辑　杨安雨
责任校对　陈铭杰
美术编辑　祁睿一
责任印务　姚　霖
装帧设计　蔡海东　倪　欣
出版发行　杭州出版社（杭州市西湖文化广场 32 号 6 楼）
　　　　　电话：0571-87997719　邮编：310014
　　　　　网址：www.hzcbs.com
印　　刷　浙江海虹彩色印务有限公司
经　　销　新华书店
开　　本　710 mm×1000 mm　1/16
印　　张　13.25
字　　数　165 千
版印次　2024 年 4 月第 1 版　2024 年 4 月第 1 次印刷
书　　号　ISBN 978-7-5565-2022-0
定　　价　85.00 元

浙江省文化研究工程指导委员会

浙江文化研究工程成果文库总序

有人将文化比作一条来自老祖宗而又流向未来的河，这是说文化的传统，通过纵向传承和横向传递，生生不息地影响和引领着人们的生存与发展；有人说文化是人类的思想、智慧、信仰、情感和生活的载体、方式和方法，这是将文化作为人们代代相传的生活方式的整体。我们说，文化为群体生活提供规范、方式与环境，文化通过传承为社会进步发挥基础作用，文化会促进或制约经济乃至整个社会的发展。文化的力量，已经深深熔铸在民族的生命力、创造力和凝聚力之中。

在人类文化演化的进程中，各种文化都在其内部生成众多的元素、层次与类型，由此决定了文化的多样性与复杂性。

中国文化的博大精深，来源于其内部生成的多姿多彩；中国文化的历久弥新，取决于其变迁过程中各种元素、层次、类型在内容和结构上通过碰撞、解构、融合而产生的革故鼎新的强大动力。

中国土地广袤、疆域辽阔，不同区域间因自然环境、经济环境、社会环境等诸多方面的差异，建构了不同的区域文化。区域文化如同百川归海，共同汇聚成中国文化的大传统，这种大传统如同春风化雨，渗透于各种区域文化之中。在这个过程中，区域文化如同清溪山泉潺潺不息，在中国文化的共同价值取向下，以自己的独特个性支撑着、引领着本地经济社会的发展。

从区域文化入手，对一地文化的历史与现状展开全面、系统、扎实、有序的研究，一方面可以藉此梳理和弘扬当地的历史传统和文化资源，繁荣和丰富当代的先进文化建设活动，规划和指导未来的文化发展蓝图，增强文化软实力，为全面建设小康社会、加快推进社会主义现代化提供思想保证、精神动力、智力支持和舆论力量；另一方面，这也是深入了解中国文化、研究中国文化、发展中国文化、创新中国文化的重要途径之一。如今，区域文化研究日益受到各地重视，成为我国文化研究走向深入的一个重要标志。我们今天实施浙江文化研究工程，其目的和意义也在于此。

千百年来，浙江人民积淀和传承了一个底蕴深厚的文化传统。这种文化传统的独特性，正在于它令人惊叹的富于创造力的智慧和力量。

浙江文化中富于创造力的基因，早早地出现在其历史的源头。在浙江新石器时代最为著名的跨湖桥、河姆渡、马家浜和良渚的考古文化中，浙江先民们都以不同凡响的作为，在中华民族的文明之源留下了创造和进步的印记。

浙江人民在与时俱进的历史轨迹上一路走来，秉承富于创造力的文化传统，这深深地融汇在一代代浙江人民的血液中，体现在浙江人民的行为上，也在浙江历史上众多杰出人物身上得到充分展示。从大禹的因势利导、敬业治水，到勾践的卧薪尝胆、励精图治；从钱氏的保境安民、纳土归宋，到胡则的为官一任、造福一方；从岳飞、于谦的精忠报国、清白一生，到方孝孺、张苍水的刚正不阿、以身殉国；从沈括的博学多识、精研深究，到竺可桢的科学救国、求是一生；无论是陈亮、叶适的经世致用，还是黄宗羲的工商皆本；无论是王充、王阳明的批判、自觉，还是龚自珍、蔡元培的开明、开放，等等，都展示了浙江深厚的文化底蕴，凝聚了浙江人民求真务实的创造精神。

代代相传的文化创造的作为和精神，从观念、态度、行为方式和价值取向上、孕育、形成和发展了渊源有自的浙江地域文化传统和与时俱进的浙江文化精神，她滋育着浙江的生命力、催生着浙江的凝聚力、激发着浙江的创造力、培植着浙江的竞争力，激励着浙江人民永不自满、永不停息，在各个不同的历史时期不断地超越自我、创业奋进。

悠久深厚、意韵丰富的浙江文化传统，是历史赐予我们的宝贵财富，也是我们开拓未来的丰富资源和不竭动力。党的十六大以来推进浙江新发展的实践，使我们越来越深刻地认识到，与国家实施改革开放大政方针相伴随的浙江经济社会持续快速健康发展的深层原因，就在于浙江深厚的文化底蕴和文化传统与当今时代精神的有机结合，就在于发展先进生产力与发展先进文化的有机结合。今后一个时期浙江能否在全面建设小康社会、加快社会主义现代化建设进程中继续走在前列，很大程度上取决于我们对文化力量的深刻认识、对发展先进文化的高度自觉和对加快建设文化大省的工作力度。我们应该看到，文化的力量最终可以转化为物质的力量，文化的软实力最终可以转化为经济的硬实力。文化要素是综合竞争力的核心要素，文化资源是经济社会发展的重要资源，文化素质是领导者和劳动者的首要素质。因此，研究浙江文化的历史与现状，增强文化软实力，为浙江的现代化建设服务，是浙江人民的共同事业，也是浙江各级党委、政府的重要使命和责任。

2005 年 7 月召开的中共浙江省委十一届八次全会，作出《关于加快建设文化大省的决定》，提出要从增强先进文化凝聚力、解放和发展生产力、增强社会公共服务能力入手，大力实施文明素质工程、文化精品工程、文化研究工程、文化保护工程、文化产业促进工程、文化阵地工程、文化传播工程、文化人才工程等"八项工程"，实施科教兴国和人才强国战略，加快建设教育、科技、卫生、体育等"四个强省"。作为文化建设"八项工程"之一的文化研究工程，其任务就是系统研究浙江文化的历史成就和当代发展，深入挖掘浙江文化底蕴、研究浙江现象、总结浙江经验、指导浙江未来的发展。

浙江文化研究工程将重点研究"今、古、人、文"四个方面，即围绕浙江当代发展问题研究、浙江历史文化专题研究、浙江名人研究、浙江历史文献整理四大板块，开展系统研究，出版系列丛书。在研究内容上，深入挖掘浙江文化底蕴，系统梳理和分析浙江历史文化的内部结构、变化规律和地域特色，坚持和发展浙江精神；研究浙江文化与其他地域文化的异同，厘清浙江文化在中国文化中的地位和相互影响的关系；围绕浙江生动的当代实践，深入解读浙江现象，总结浙江经验，指导浙江发展。在研究力量上，通过课题组织、出版资助、重点研究基地建设、加强省内外大院名校合作、整合各地各部门力量等途径，形成上下联动、学界互动的整体合力。在成果运用上，注重研究成果的学术价值和应用价值，充分发挥其认识世界、传承文明、创新理论、咨政育人、服务社会的重要作用。

我们希望通过实施浙江文化研究工程，努力用浙江历史教育浙江人民、用浙江文化熏陶浙江人民、用浙江精神鼓舞浙江人民、用浙江经验引领浙江人民，进一步激发浙江人民的无穷智慧和伟大创造能力，推动浙江实现又快又好发展。

今天，我们踏着来自历史的河流，受着一方百姓的期许，理应负起使命，至诚奉献，让我们的文化绵延不绝，让我们的创造生生不息。

2006 年 5 月 30 日于杭州

让我们回望千年，一同走进宋人的世界

目 录
Contents

引　言

　　宋代是中国饮食文化繁荣的时期，是中国现代菜肴烹饪的起源时期，在中国饮食发展史上占有举足轻重的地位。在这一时期，饮食原料的来源进一步扩大，在类别上更趋丰富，加工和制作技术也更加成熟。中国食品烹饪方法在宋朝发生了质变，出现了"烹调"一词，烹、烧、烤、炒、爆、熘、蒸、煮、炖、卤、腊、蜜、酒、冻、签、腌、兜等复杂的烹饪技术更趋成熟，特别是炒制烹饪法的出现，更使得其口感脆滑甘爽，受到宋人的喜爱。从菜肴的用料方面来说，风味上更趋多样，比较突出的是海味菜和鱼菜的兴起以及菜点艺术化倾向的出现。在北宋时期，都城东京形成了中国最早的菜系：南食、北食、川饭和素食，到宋室南迁至杭州后依然保留着这样的格局，南北饮食文化进入了新的交融阶段，以致饮食混淆，无南北之分。过去传统的一日两餐变成了延续至今的一天日出、日中和日落三次就餐，还流行点心。柴米油盐酱醋茶，成为宋朝平民百姓人家每日不可缺者。米食和面食，以丰富、精致的花色品种取胜于世，基本上已经和现代趋于一致了。猪肉、鱼虾、水果等食品已经进入寻常百姓家。有鉴于此，美国人类学家尤金·N·安德森（E. N. Anderson）在《中国食物》一书中高度评价说："宋朝时期，中国的农业和食物最后成形。食物生产更为合理化和科学化。中国伟大的烹调法也产生于宋朝。"在这一时期，饮食业打破了坊市分隔的界限，出现了前所未有的繁荣景象，酒楼、茶坊、食店等饮食店肆遍布城乡各地，并流行全日制经营，其经营特色也更加显著，下馆子或叫外卖已经成为一种普遍的现象。在环境优美的饮食店里，人们还可以坐下来享用美食，放松身心。共器共餐的合餐制已经完全取代了传统的分食制，成为社会上的主流饮食方式，使饮食文化更具内涵。茶文化、酒文化等在宋代都有不俗的表现，尤其是茶文化在唐代的基础上又有了进一步的发展，成为一种高雅的文化活动。有的士大夫把饮食与"事亲""事君""立身"等伦理思想联系在一起，提出了"君子食时五观"和"饮食三失""食养六要"等理论，认为君子在饮食方面不应奢求饱足，贪爱美味，而应该关注民生，任何时候都应有远大抱负，使自己所作的贡献与所得的饮食相称。他们关注饮食养生，倡导素食主义，倡导"粗茶淡饭"、节食，体味自然。毫无疑义，这些饮食理论比较符合科学道理，从现代医学及文化内涵上都极具借鉴意义，是文明进步的结果。

宋朝的美食，一千年来影响了世界，影响了人类生活。1997年，美国《生活杂志》回顾一千年来最深远影响人类生活的一百件大事，中国有六件列入其中，而北宋都城开封的饭馆和小吃排第 56 位。

美味佳肴
MEIWEI JIAYAO

宋代的宴会

　　宴饮聚会是能达到社会交往、情感沟通、礼仪彰显等目的，且最为容易让人接受的一种家庭性、社会性乃至政治性的饮食活动。从皇室和达官显贵，到市民百姓，宋人把宴饮作为了一种重要的生活情趣和沟通方式。流传至今的宋宴名类繁多，像庆祝宋皇生日的"圣节大宴"，庆祝金榜题名的"闻喜宴"，乃至日常生活中出现良辰美景时，宋人总会发明出赏梅宴、赏雪宴等各种"名宴"。宋代统治者非常重视宴饮活动的礼仪和教化等功能，所谓"宴飨之设，所以训恭俭、示慈惠也"（《宋史》卷一一三《礼十六·宴飨》），士大夫家庭与平民家庭也重视宴饮的世俗实用性功能。我们可以从宋宴中看到宋人对于日常仪式的重视，对于人生乐趣的雅致追求，对于生活美学的热爱。

一、朝野瞩目的宫廷御宴

　　宋代宫廷御宴留给世人的印象总体上是"穷奢极欲"，奢侈豪华。但是细数五代十国时期的藩镇割据，拥兵自重的藩王"占山为王"，社会混乱；赵匡胤发动陈桥兵变，黄袍加身后，才初步建立北宋。风雨飘摇中的新生政权还要不断地凝聚物力与人心，平定各个地方割据势力。北宋初期的宫廷宴饮更加具有政治象征意义，需要通过饮食礼仪来彰显内外统治的稳定性与合法性。北宋统治者的宫廷御宴更多是用来展现敬天爱民，君臣和谐，和睦九族，外服四夷的一种政治手段。故而北宋初期的宫廷饮食生活以及御宴场合的菜肴实际上是非常"低调"的，甚至与统治者皇亲贵族的身份比起来，是显得十分"寒酸"的。"祖宗旧制：不得取食味于四方。"（邵伯温《邵氏闻见录》卷八）"饮食不贵异味，御厨止用羊肉，此皆祖宗家法，所以致太平者。"（李焘《续资治通鉴长编》卷四八〇）可见，要求北宋皇帝们"勤俭节约"的"家规"，已经上升到治国平天下的"祖宗之法"。陈师道《后山谈丛》卷四载，宋太祖一次在福宁殿设宴宴请平蜀归来的曹彬、潘美等将领，所用酒肴甚为简单，只是"陈齑肉白熟""酒终设饭"而已。而宋仁宗赵祯则是恪守祖训，节衣缩食的典范。邵伯温《邵氏闻见后录》卷一曾载：

> 仁皇帝内宴，十门分各进馔。有新蟹一品，二十八枚。帝曰："吾尚未尝，枚直几钱？"左右对："直一千。"帝不悦，曰："数戒汝辈无侈靡，一下箸为钱二十八千，吾不忍也。"置不食。

《宋史·仁宗本纪》里记载仁宗半夜饥饿，思食烧羊，却不敢命御厨制备，以免成为常例而害物，宁愿忍饿到天明。仁宗曹皇后想做一道糟淮白鱼，为了不违背祖制，也只能向大臣家里讨取食材：

> 文靖夫人因内朝，皇后曰："上好食糟淮白鱼。祖宗旧制：不得取食味于四方，无从可致。相公家寿州，当有之。"夫人归，欲以十奁为献。公见问之，夫人告以故。公曰："两奁可耳。"夫人曰："以备玉食，何惜也？"公怅然曰："玉食所无之物，人臣之家安得有十奁也！"

上述史料所宣扬的宋室帝王"饮食节俭"故事是否真实或者是否能代表整个北宋时期帝王饮食生活起居的真实面貌，还值得我们深思。毕竟，宋室君臣大宴既代表国家礼仪法度，又有敬天祈福之意，更是

宋徽宗像

带有节庆祝贺与狂欢性质,其宴席规格、规模乃至丰盛程度,肯定不能说是如平常宫廷宴饮般节俭。王应麟《玉海》卷一〇六《宫室》载北宋各帝王大宴于集英殿的次数为太祖33次、太宗37次、真宗52次、仁宗55次。

而到了北宋末年,在"丰亨豫大"思想作祟下,宋徽宗在饮食生活上则是追求奢侈豪华,尽情享受。庄绰《鸡肋编》卷下记载宋徽宗"常膳百品",已远超其祖,而意犹不满。一日早点,八珍罗列,而无下筷之处。太学生写诗讽刺徽宗说:"选饭朝来不喜餐,御厨空费八珍盘。人间有味都尝遍,只许江梅一点酸。"(《宋诗纪事》卷九六)政和二年(1112),宋徽宗在太清楼宴请蔡京等9名大臣时,山珍海味,琳琅满目。"相视其所,曰:于此设次,于此陈器皿,于此置尊罍,于此膳羞,于此乐舞。出内府酒尊、宝器、琉璃、马瑙、水精、玻璃、翡翠、玉;曰:以此加爵,致四方美味,螺蛤虾鱡白、南海琼枝、东陵玉蕊,与海物唯错……"(王明清《挥麈余话》卷一)

北宋以来,宴席的布置越发繁复,参加君臣大宴的人数越来越多,规模越来越大。北宋时期宫廷饮食是随着当时社会经济的发展而不断变化的。北宋中期以前比较节俭,中期尤其后期较奢侈。北宋时期宫廷宴饮活动,多数非专为饮食,而是为行礼的社会活动。宋神宗晚年沉溺于深宫宴饮享乐，往往"一宴游之费十余万"（李焘《续资治通鉴长编》卷二一〇）。宋徽宗对食具、食材、氛围的高标准，严要求，体现出一个帝王级"吃货"对于口腹之欲的极致追求。当然，他们与宋高宗比起来，在宫廷宴饮的奢侈方面，则显得不那么突出了。绍兴二十一年十月（1151），被周密录于《武林旧事》的清河郡王张俊供奉高宗的那桌豪华大宴，更是强化了世人对宋代宫廷御宴"穷奢极欲"的印象。

（一）从宋太祖"杯酒释兵权"说起

宋朝初期，为了强化中央集权，宋太祖赵匡胤听取了赵普等文臣谋士的建议，以和平方式、分阶段收回了禁军将领与藩镇节度使的兵权。在这一过程中，宋太祖分别在建隆二年（961）和开宝二年（969）宴请禁军主要将领和部分藩镇节度使，随后解除了他们的兵权，后人称之为"杯酒释兵权"。

公元 960 年，后周节度使赵匡胤在陈桥驿发动兵变，被部下诸将"黄袍加身"，拥立为天子，建立宋朝，史称"陈桥兵变"。五代以来，威胁皇权问题的最大政治隐患有二：一则是骄横跋扈的中央军即"禁军"，二则是处于割据状态的地方藩镇。宋太祖鉴于当时已控制局势，就着手陆续采取了一些措施，逐步加强中央集权。

建隆二年（961）七月初九，宋太祖在宫中设君臣御宴，请石守信、高怀德、王审琦、张令铎等禁军高级将领参与。席中酒酣，他与石守信等人"道旧相乐"，感谢功臣们的恩德，但表示当皇帝也不容易，说自己整夜不能安睡。石守信等人听后不解其因，都问皇帝为什么要这样说。太祖道："是不难知矣，居此位者，谁不欲为之。"功臣们大吃一惊："陛下何为出此言？今天命已定，谁敢复有异心。"宋太祖道："不然。汝曹虽无异心，其如麾下之人欲富贵者，一旦以黄袍加汝之

宋太祖赵匡胤像

身，汝虽欲不为，其可得乎？"功臣们皆"顿首涕泣"，请求皇帝"指示可生之途"，宋太祖这才说："人生如白驹之过隙，所为好富贵者，不过欲多积金钱，厚自娱乐，使子孙无贫乏耳。尔曹何不释去兵权，出守大藩，择便好田宅市之，为子孙立永远不可动之业，多置歌儿舞女，日饮酒相欢，以终其天年。我且与尔曹约为婚姻，君臣之间，两无猜疑，上下相安，不亦善乎！"功臣们皆感激不尽，石守信等人第二天都纷纷称自己年老体弱，请求解除兵权、告老还乡。太祖随后解除了他们的禁军军职和兵权，分别外放为节度使：高怀德为归德军节度使，王审琦为忠正军节度使，张令铎为镇宁军节度使，石守信为天平军节度使。（李焘《续资治通鉴长编》卷二）这个在酒宴上，宋太祖不动一兵一卒，轻易而和平地解除了禁军将领的兵权，这便是后人熟知的"杯酒释兵权"事件。

开宝二年（969），宋太祖在皇宫后苑设宴，邀王彦超、武行德、郭从义、白重赞及杨廷璋等一批老资格的节度使赴会。次日，宋太祖下诏解除了他们的兵权，并给予高官厚禄。可以说这次的"后苑之宴"与第一次"杯酒释兵权"有异曲同工之妙，完全可以认为是"杯酒释兵权"的第二阶段。

"杯酒释兵权"是北宋初期新政权加强中央集权的重要举措。宋太祖"杯酒释兵权"使用和平手段，不伤及君臣和气，轻而易举地就解除了大臣的权力威胁，是历史上有名的安内方略，影响深远。宋高宗亦是这样解除了刘光世、韩世忠、张俊和岳飞等节度使的兵权。宋太祖的"杯酒释兵权"是君臣共宴的典范，既可以说是一场"鸿门宴"，也可以说是一种将政治安全隐患消弭于推杯换盏之间的高超管理艺术。

（二）国家大宴的盛衰

国家大宴，是宋代官方宴饮内容的重要组成部分。《宋史》卷一一三《礼十六·宴飨》载："宋制，尝以春秋之季仲及圣节、郊祀、籍田礼毕，巡幸还京，凡国有大庆皆大宴。"

宋朝国家大宴主要包括春秋大宴、圣节大宴、饮福宴，是宋朝规模恢宏、陈设华美、礼仪繁杂、人员众多的政治色彩明显的大型宴饮活动，为朝野内外所瞩目。根据《宋史》卷一一三《礼十六·宴飨》记载，宋朝宫廷宴会视其大小，在不同的宫殿举办：

大宴率于集英殿，次宴紫宸殿，小宴垂拱殿，若特旨则不拘常制。凡大宴，有司预于殿庭设山楼排场，为群仙队仗、六番进贡、九龙五凤之状，司天鸡唱楼于其侧。殿上陈锦绣帷帘，垂香球，设银香兽前槛内，藉以文茵，设御茶床、酒器于殿东北楹间，群臣盏斝于殿下幕屋。

由此可知，北宋仁宗天圣（1023—1032）之后，一级大宴在集英殿举行，二级宴会在紫宸殿举行，三级小宴在垂拱殿举行。不仅如此，春秋大宴、圣节大宴和饮福大宴在内的宋室一级大宴，还有着上述严格的宴饮流程。与宴者还要遵循严格的等级制度：帝王御座位于宴会的正中，且要坐北朝南，各级官员根据身份高低按要求就座。《宋史》卷一一三《礼十六》载，在正殿依次就座的是：宰相、使相、枢密使、知枢密院事、参知政事、枢密副使、同知枢密院事、宣徽使、三师、三公、仆射、尚书丞郎、学士、直学士、御史大夫、御史中丞、三司使、给事中、谏议大夫、中书舍人、节度使、两使留后、观察使、团练使、待制、宗室、遥郡团练使、刺史、上将军、统军、军厢指挥使等。在侧殿就座的是：文武四品以上官以及知杂御史、郎中、郎将、禁军都虞侯等。在殿的两庑里就座的是：其他升朝官、诸军副都头以上、各国进奉使、各道进奉军将等。

1. 春秋大宴，从"私宴"到"国宴"的华丽转变

春秋大宴，顾名思义，是春秋之季举行的国家大型宴饮活动。春秋大宴，大致在宋朝每春秋季节（农历二月或三月、八月或九月），是皇帝赐宴臣僚、外使的以君臣宴乐为主的大型官方宴饮活动。《宋史》卷一一三《礼十六·宴飨》载："咸平三年二月，大宴含光殿，自是始备设春秋大宴。"宴会的举办的大致时间是"春秋之季仲"，另外春秋大宴也不是每年都举行，"开宝三年、五年、六年、七年、八年，并设秋宴于大明殿，以长春节在二月故也。太平兴国之后，止设春宴"。"元祐三年六月，罢春宴。八月，罢秋宴，以魏王出殡，翰林学士苏轼不进教坊致语故也。"

春秋大宴在北宋宫廷宴饮中居于重要地位，其宴饮礼仪不断完善，基本流程如下：

百官进宫后在大殿阶前平地上静候帝王，接着帝王入席，百官落座。

〔宋〕赵佶《文会图》中皇帝与官员宴饮的场景，据此可知当时已经实行合食制

宴会开始后，首先班首要代表群臣向皇帝进酒，班首所进这杯酒是皇帝本次宴饮中所喝的第一杯酒。接下来是君臣宴饮阶段。宴饮一般饮酒九巡，君臣共饮完第五杯酒后，是"中饮更衣"时间。宴席接近尾声时，内侍撤御茶床，皇帝离座，随后百官亦依次出宫，大宴结束。

宋太宗太平兴国三年（978）九月，"大宴大明殿，春宴自兹始也。"春宴即以春季筹办的宋朝国家大型宴饮活动的身份，迈入宋代官方宴饮行列之中。在此之前的春宴，与秋宴一样是以私宴的性质而存在。此后，宋朝的春宴就以"国宴"的规格举行。

宋太宗执政时期，宋朝"止设春宴"。其原因跟宋太祖执政时期"止设秋宴"的原因相一致。那就是与圣节大宴的举办时间相冲突。宋太祖长春节（二月十六日）寿宴与春宴的举行时间相撞，作为皇帝寿宴的圣节大宴的重要性自然大于春宴，故太祖朝"止设秋宴"；而宋太宗乾明节寿宴在宋太宗诞辰（十月七日）所在的十月份举行，与秋宴的举行时间相撞。故太宗朝"止设春宴"。直到宋真宗时期，春秋二宴得以先后举办：咸平三年（1000）九月，"大宴含光殿。真宗朝，圣节外始设春秋二宴，自此为定制"。

春秋大宴正式成为宋代官方宴饮制度的独立组成部分后，得以蓬勃发展。历经宋真宗、宋仁宗、宋神宗、宋哲宗四朝的不断发展、充实，于宋徽宗朝时渐趋完善。而随着北宋末年国势衰微、战乱频繁，依附于皇权政治而生的春秋大宴不可避免地走向衰败。

南宋在集英殿依旧有举行国家大宴，但是其规模与仪程，早已无法与北宋时期的大宴相比。"惟正旦、生辰、郊祀及金使见辞各有宴"之句，表明北宋时期流行于宫廷的春秋大宴，已不在南宋所谓的"大宴"行列。也许，偏安一隅的南宋社会，春宴与秋宴又从"国宴"身份变成民间的"私宴"身份了。南宋赵升《朝野类要·春宴》载：

> 中兴以来，承平日久。庆元间，京尹赵师𬸚奏请从故事排办春宴，即唐曲江之遗意也。即于行都西湖，用舟船妓乐，自寒食前，排日宴会，先宴使相、两府、亲王；次即南班郡王、嗣秀、嗣濮王、杨开府、两李太尉，次请六曹尚书、侍郎、统兵官；次宴节度、承宣、观察使，南班及都承知阁、御带、环卫官，次都司密属官，次宴卿、监，次宴六曹郎中、郎官，并是京尹馆伴。后京尹李澄，遵故事奏请如前供办。后开禧以后，兵兴及追扰百色行铺，害及于民，此宴不复举矣。

"此宴不复举"说的也不仅仅是北宋以来的春秋大宴在南宋不再兴办。南宋权贵阶层自行举办的"春宴"或"秋宴"也更多是私宴性质，而不再是国朝御宴。

2. 圣节大宴，普天同庆的皇帝寿宴

在宋代之前，圣节和诞节是称呼皇帝诞辰的专用名词，圣节大宴则是为庆祝皇帝诞辰日举办的国家庆典，宴会中要突出"祝寿"这个主题。自唐玄宗在生辰当天举办宴会，文武百官都前来向其贺寿，行庆寿之礼后，圣节大宴便从此确定下来。由于唐后期国力倾颓，圣节大宴时兴时废，并没有得到进一步发展。直到宋太祖一统天下，结束五代十国时期混乱的政治局面后，圣节大宴才重返历史舞台。宋太祖建隆元年（960）正月群臣上表请求建节，"请以二月十六日为长春节，群臣上寿，百司休假如式"。长春节（农历二月十六日）成为宋太祖的诞节之名，也是宋王朝历史上首次诞日建节。同年二月，"以长春节大宴广德殿，诞圣节大宴，自兹始也"（高承《事物纪原》卷一）。自此之后，圣节后赐宴的做法被宋朝历代统治者所采纳，成为亘古不变的定制。《铁围山丛谈》卷二载道：

> 国朝故事，天子诞节，则宰臣率文武百僚班紫宸殿下，拜舞称庆。宰相独登殿捧觞，上天子万寿，礼毕，赐百官茶汤罢，于是天子还内。则宰臣夫人在内亦率执政夫人以班福宁殿下，拜而称贺。宰臣夫人独登殿捧觞，上天子万寿，仍以红罗绡金须帕系天子臂，退复再拜，遂燕坐于殿廊之左。此儒臣之至荣。

圣节大宴作为国家大宴的一种，因其强烈的政治色彩而受到更多的关注。圣节大宴在宋王朝还衍生出皇太后圣节大宴、太上皇圣节大宴制度。至宋徽宗时期形成了完整的圣节大宴制度。南宋诸帝均沿袭之。当然，由于南宋时期国力、经济实力已经无法与北宋相比，南宋时期的圣节大宴虽未搁置废除，但规模较之北宋更为简略。

〔南宋〕马远《华灯侍宴图》（局部）

宋朝皇帝的寿宴流程是怎么样的呢？我们可以从《梦粱录》有关宋度宗"圣节大宴"的仪程介绍中，找到答案。吴自牧《梦粱录》卷三《宰执亲王南班百官入内上寿赐宴》对南宋度宗皇帝的生日宴会的仪式程序作了详细的描述：

四月初八日（度宗生日前一天），皇亲国戚及文武大臣齐集皇宫内，提早一天为皇帝祝寿。然后，度宗在紫宸殿设宴招待文武大臣。

紫宸殿前早已用彩结搭建好飞龙舞凤之形的山棚，教坊司中的乐所人员等效学百鸟齐鸣，"内外肃然，止闻半空和鸣，鸾凤翔集"。此时，文武百官开始依官品高低入坐。平章、宰执、侍从、亲王、南班、武臣观察使以上及外国贺生辰使副坐于殿上，余卿监郎丞及武臣防御使以下坐于殿庑间。每位坐前列环饼、油饼、枣塔为看盘。看盘如用猪、羊、鸡、鹅连骨熟肉，并葱、韭、蒜、醋各一碟，三五人共享一桶浆水饭。

首先，由上公代表文武大臣等向皇帝祝寿，然后带领尚书执注碗斟酒进捧给皇帝，谓之看盏。皇帝示意大家一起饮后，乐队开始奏乐，在乐声中，文武百官按官品高低依次向皇帝敬酒祝寿。

第一盏酒，艺人唱歌、奏乐、献舞、祝寿。

第二盏酒，仪式同上。

第三盏酒，宰执百官酒如前仪。先给皇帝进御膳。御厨以绣龙袄盖合上进御前珍馐，内侍进前供上食，双双奉托，直过头。然后，宫中茶酒班仕役再给群臣捧上下酒咸豉、双下驼峰角子。有诗描述道："殿侍高高捧盏行，天厨分胹极恩荣。傍筵拜起尝君赐，不请微闻匙箸声。"此时艺人皆穿红巾彩服，表演上竿、跳索、倒立、折腰、弄碗、踢盘瓶、筋斗之类百戏，为寿宴助兴。

第四盏进御酒，宰臣百官各自送酒，歌舞一律同前次一样。接着，艺人演杂剧、勾合大曲舞。期间，茶酒班侍役给群臣捧上炙子骨头、索粉、白肉、胡饼。

第五盏进御酒，先由艺人演奏琵琶，接着再表演杂剧。群臣桌上再添群仙炙、天仙饼、太平毕罗、干饭、缕肉羹、莲花肉饼。

第六盏进御酒，先由艺人用笙、龙笛演奏慢曲子，接着举行蹴球表演，互争胜负。群臣下酒供假鼋鱼、蜜浮酥捺花。

第七盏进御酒，艺人表演七宝筝独弹、杂剧。下酒供排炊羊、胡饼、炙金肠。

第八盏进御酒，先由歌板色长唱踏歌，然后众乐作合曲破舞旋。群臣下酒，供假沙鱼、独下馒头、肚羹。

第九盏进御酒，先由艺人演奏慢曲子，接着举行相扑比赛。群臣下酒，供水饭、簇钉下饭。

经过这九轮进酒后，寿宴宣告结束，群臣走出紫宸殿，谢恩退出。

次日，即四月初九日，度宗正式生日这一天，群臣再次入宫"舞蹈称贺"。度宗在集英殿赐宴。集英殿是北宋宫廷中的"宴殿"。吴自牧《梦粱录》卷三《皇帝初九日圣节》对此有着非常详细的描述：

四月初九日，度宗生日，尚书省、枢密院官僚，诣明庆寺如前开建满散。至日侵晨，平章、宰执、亲王、南班百官入内大起居，舞蹈称贺，随班从驾过皇太后殿起居毕，回集英殿赐宴，仪式不再述。其赐宴殿排办事节云：仪鸾司预期先于殿前绞缚山棚及陈设帏幕等，前一日，仪鸾司、翰林司、御厨、宴设库、应奉司属人员等人，并于殿前直宿。至日侵晨，仪鸾司排设御座龙床，出香金、狮蛮、火炉子、桌子、衣帏等，及设第一行平章、宰执、亲王座物，系高座锦褥；第二、第三、第四行，侍从、南班、武臣观察使以上，并矮座紫褥。东西两朵殿庑百官，系紫沿席，就地坐。翰林司排办供御茶，床上珠花看果，并供细果，及平章、宰执、亲王、使相高坐桌上第看果，殿上第二行、第三、第四行侍从等平面桌子，三员共一桌。两朵殿廊卿监以下，并是平面矮桌，亦三员共一桌。果桌于未开内门时预行排办。御前头笼燎炉，供进茶酒器皿等，于殿上东北角陈设，候驾御玉座应奉。其御宴酒盏皆屈卮，如菜碗样，有把手。殿上纯金，殿下纯银。食器皆金棱漆碗碟。御厨制造宴殿食味，并御茶床上看食、看菜、匙箸、盐碟、醋樽，及宰臣亲王看食、看菜，并殿下两朵庑看盘——环饼、油饼、枣塔，俱遵国初之礼在，累朝不敢易之。故礼其宴设库提点，监造五局宴食、常行油撒。百官食味，称盘斤两，毋令阙少。御酒库排办前后御宴酒，及宣劝御封酒。

《孝经图》中的"明堂大礼"

圣节大宴贯穿于整个宋朝，无疑是当时最为隆重、最高规模的大型官方宴饮活动，不仅为统治者所重视，同样颇受百官和百姓的瞩目，它以其浓郁的政治色彩和独特的政治功能在宋朝众多宴会之中脱颖而出。

3. 饮福大宴，与文武百官分享福泽

北宋以前，饮福又名纳福，多指祭祀之后与祭者分享供神之酒，接受神的庇护。北周《郊庙歌辞·周宗庙歌·皇夏·饮福酒》云："缩酌浮兰，澄罍合鬯。磬折礼容，旋回灵貌。受厘撤俎，饮福移樽。"北宋出现专门的"饮福宴"一词，让"饮福"的含义更加丰富。高承《事物纪原》卷二《礼祭郊祀部·饮福》载：

（宋太祖）乾德元年（963）十二月，以南郊礼毕，大宴于广德殿。自后凡大礼毕，皆设宴如此例，曰饮福宴，盖自此其始也。

至此，北宋大型祭祀仪式完成后，不再仅仅是食用那些用于祭祀的酒肉，而是皇帝大宴群臣，举行高规格的国家大宴，被称之为饮福宴或饮福大宴。在《宋史·集英殿饮福大宴仪》中，有关于饮福大宴的仪程记载：

初，大礼毕，皇帝逐顿饮福，余酒封进入内。宴日降出，酒既三行，泛赐预坐臣僚饮福酒各一盏，群臣饮讫，宣劝，各兴立席后，赞再拜谢讫，复坐饮，并如春秋大宴之仪。

由此可见，饮福大宴只是在春秋大宴的程式前，加上一道颁赐福酒的礼仪程序。北宋时期，在郊祀、明堂礼、籍田礼后，一般都要举行饮福宴。饮福宴和春秋大宴一样，是前代所没有的宫廷大宴，反映了宋代宫廷宴饮活动的发展。《东京梦华录》中详尽地记录了饮福大宴上的多种菜品：如双下驼峰饺子、群仙炙、胡饼、炙子骨头等。品类虽然繁多，但食材原料并不算奢侈。

对于宋朝而言，饮福大宴不仅是向上天祈福、祭祀祖先的国宴，也是统治阶层增强凝聚力的有效方式。该宴饮制度在北宋时期逐渐发展，至宋徽宗朝时渐趋完备。后经靖康之变，偏安一隅的南宋宫廷花费二十余年，才重新建立起大宋的礼乐制度，饮福宴也随之恢复，不过南宋时期的饮福宴跟其他国朝大宴一样，不复当年的规模与气派。宋孝宗乾道八年（1172）以后，"惟正旦、生辰、郊祀及金使见辞各有宴，然大宴视东京时亦简矣"（《宋史》卷一一三《礼十六·宴飨》）。不管如何，宋代皇帝选择祭祀大礼后赐宴，即是将祭祀所祈的福祉遍及臣僚，以求福泽共享，使得百官从心理上感受到皇恩浩荡。

二、文武大臣的奢靡家宴

与宫中相比，达官贵人的宴会也毫不逊色。司马光说："宗戚贵臣之家，第宅园圃，服食器用，往往穷天下之珍怪，极一时之鲜明。惟意所致，无复分限。以豪华相尚，以俭陋相訾。愈厌而好新，月异而岁殊。"（司马光《温国文正公文集》卷二三《论财利疏》）如宗室燕王之子华元郡王允良酺饮终日。宋真宗时，宰相吕蒙正喜食鸡舌汤，每朝必用，以至家里鸡毛堆积成山。仁宗时，宰相宋庠的弟弟宋祁好客，"会饮于广厦中，外设重幕，内列宝炬，歌舞相继，坐客忘疲，但觉漏长，启幕视之，已是二昼，名曰不晓天"。（以上参见丁传靖《宋人轶事汇编》卷三《储王宗室》、

〔宋〕佚名《夜宴图》（局部）

〔南宋〕刘松年《十八学士图》（局部）

卷四《吕蒙正》、卷七《二宋》）北宋中期的吕夷简，曾任宰相多年，家中积累了大量的财产，因此生活非常奢侈。连宫廷中也很难弄到的名贵食品——淮白糟鱼，他的夫人一下子竟能以十筐相送。到了北宋末年，权臣之家的饮食生活更是豪华侈靡，甚至连宫廷也无法也之相比。

（一）蔡京和秦桧等的家宴

北宋末年的权相蔡京享用侈靡，他喜食新鲜的鹑子，当天烹杀。往往一羹便要烹杀数百只鹑子，真可谓是"饕餮而暴殄天物也"！即使是这样他还不满足。传说蔡京有一天晚上梦见数千百只鹑鸟在他面前诉苦，其中有一只鹑鸟上前致辞说："食君廪中粟，作君羹中肉。一羹数百命，下箸犹未足。羹肉何足论，生死扰转毂。劝君宜勿食，祸福相倚伏。"（陈岩肖《庚溪诗话》卷上）。据《东南纪闻》卷一载，蔡京有一天召集僚属开会，会后留下宴饮，其中单蟹黄馒头一味，就费钱1300余缗，其他未计。又曾在家中召集宾客饮酒，酒后高兴，就吩咐库吏取江西官员所送咸豉来，吏以10瓶呈进，大家一看，乃是当时的稀罕名贵食品"黄雀脏"，不禁惊异。蔡京问库吏："还有多少？"库吏回答说："还有八十多瓶。"（曾敏行《独醒杂志》卷九）蔡京既败，籍没家产，从其家的仓库中"点检蜂儿见在数目，得三十七秤；黄雀鲊自地积至栋者满三楹，他物称是"。（周辉《清波杂志》卷五）蔡京为了享用天下美食，家中还配备了大批厨师高手，且分工极细。据罗大经《鹤林玉露》卷六《缕葱丝》：蔡家中连制作包子这样一件小小的厨事，也都自有专人缕葱丝。有个人在京城汴梁（今开封）买了一个女人做妾，自称是蔡京家的厨娘。一天，主人让她做包子，她推辞说不会。主人质问她，既然做过蔡太师家厨娘，岂有不会做包子之理？这女人回答说："我是包子厨房里专门切细葱丝的人。"

此外，王黼、童贯、梁师成等权臣之家的饮食生活也是如此。如王黼，"凡入目之色，适口之味，难致之瑰，违时之物，毕萃于燕私……"（王偁《东都事略》卷一〇六《王黼传》）据赵潜《养疴漫笔》载，王黼宅与一寺院为邻。有一僧每天从王黼家中的旁沟中漉取流出的雪色饭，将其洗净晒干，数年积成一囷。靖康城破，王黼家中缺少粮食，这名僧人即用所积的干饭，再用水浸，蒸熟后送给人吃，王黼家中的老幼全靠此饭，才没有出现饿死的现象。

秦桧大权独擅时，在饮食上也是极尽奢侈之事。隆兴元年（1163），宋孝宗曾对大臣披露道：

> 向侍太上时，见太上吃饭不过吃得一二百钱物。朕于此时，固已有节俭之志矣。此时秦桧方专权，其家人一二百千钱物

方过得一日。太上每次排会内宴，止用得一二十千；桧家一次乃反用数百千。（胡铨《澹庵文集》卷二《经筵玉音问答》）

这就是说，他与家人一二百千钱物才能过一天，举办家宴的费用是宋高宗举办的宫内宴会的十多倍，足可证明其奢侈的程度。

（二）清河郡王的超级豪宴

南宋时，贵族大臣在饮食生活上的奢侈风更盛于过去，穷奢极欲，片面追求世俗物质享受。宋高宗赵构在清河郡王张俊家所享受的豪华供享，更是统治阶级穷奢极侈饮食生活的典型。

〔南宋〕刘松年《十八学士图》（局部）

绍兴二十一年 (1151) 十月，宋高宗赵构亲临清河郡王张俊府第，张俊设宴招待高宗一行。宴席的丰盛到了无以复加的程度。据周密《武林旧事》卷九《高宗巡幸张府节次略》所载，御筵上菜的先后顺序如下：

绣花高饤一行八果垒：香圆、真柑、石榴、枨子、鹅梨、乳梨、榠楂、花木瓜。

乐仙干果子叉袋儿一行：荔枝、圆眼、香莲、榧子、榛子、松子、银杏、梨肉、枣圈、莲子肉、林檎旋、大蒸枣。

缕金香药一行：脑子花儿、甘草花儿、朱砂圆子、木香、丁香、水龙脑、史君子、缩砂花儿、官桂花儿、白术、人参、橄榄花儿。

雕花蜜煎一行：雕花梅球儿、红消花儿、雕花笋、蜜冬瓜鱼儿、

〔宋〕林椿
《枇杷山鸟图》

〔宋〕马麟
《石榴文鸟图》

〔宋〕林椿
《果熟来禽图》

〔宋〕鲁宗贵
《橘子、葡萄、
石榴图》

雕花红团花、木瓜大段儿、雕花金橘、青梅荷叶儿、雕花姜、蜜笋花儿、雕花橙子、木瓜方花儿。

砌香咸酸一行：香药木瓜、椒梅、香药藤花、砌香樱桃、紫苏奈香、砌香萱花柳儿、砌香葡萄、甘草花儿、姜丝梅、梅肉饼儿、水红姜、杂丝梅饼儿。

脯腊一行：肉线条子（陈刻"线肉"）、皂角铤子、云梦犯儿、虾腊、肉腊、奶房、旋鲊、金山咸豉、酒醋肉、肉瓜齑。

垂手八盘子：拣蜂儿、番葡萄、香莲事件念珠、巴榄子、大金橘、新椰子象牙板、小橄榄、榆柑子。

再坐

切时果一行：春藕、鹅梨饼子、甘蔗、乳梨月儿、红柿子、切橙子、切绿橘、生藕铤子。

时新果子一行：金橘、葴杨梅、新罗葛、切蜜蕈、切脆橙、榆柑子、新椰子、切宜母子、藕铤儿、甘蔗奈香、新柑子、梨五花子。

雕花蜜煎一行：同前。

砌香咸酸一行：同前。

珑缠果子一行：荔枝甘露饼、荔枝蓼花、荔枝好郎君、珑缠桃条、酥胡桃、缠枣圈、缠梨肉、香莲事件、香药葡萄、缠松子、糖霜玉蜂儿、白缠桃条。

脯腊一行：同前。

下酒十五盏：

第一盏：花炊鹌子、荔枝白腰子。

第二盏：奶房签、三脆羹。

第三盏：羊舌签、萌芽肚胘

第四盏：肫掌签、鹌子羹。

第五盏：肚胘脍、鸳鸯炸肚。

清河郡王豪华宴席菜品复原图 （杭帮菜博物馆）

第六盏：沙鱼脍、炒沙鱼衬汤。

第七盏：鳝鱼炒鲎、鹅肫掌汤齑。

第八盏：螃蟹酿枨、奶房玉蕊羹。

第九盏：鲜虾蹄子脍、南炒鳝。

第十盏：洗手蟹、鲟鱼假蛤蜊。

第十一盏：五珍脍、螃蟹清羹。

第十二盏：鹌子水晶脍、猪肚假江瑶。

第十三盏：虾枨脍、虾鱼汤齑。

第十四盏：水母脍、二色玺儿羹。

第十五盏：蛤蜊生、血粉羹。

插食：炒白腰子、炙肚胘、炙鹌子脯、润鸡、润兔、炙炊饼、炙炊饼胬骨。

劝酒果子库十番：砌香果子、雕花蜜煎、时新果子、独装巴榄子、咸酸蜜煎、装大金橘小橄榄、独装新椰子、四时果四色、对装拣松番葡萄、对装春藕陈公梨。

厨劝酒十味：江瑶炸肚、江瑶生、蝤蛑签、姜醋生螺（陈刻"香螺"）、香螺炸肚、姜醋假公权、煨牡蛎、牡蛎炸肚、假公权炸肚、蟑蚷炸肚。

准备上细曡四桌

又次细曡二桌：内蜜煎咸酸时新脯腊等件。

对食十盏二十分：莲花鸭签、螷儿羹、三珍脍、南炒鳝、水母脍、鹌子羹、鲚鱼脍、三脆羹、洗手蟹、炸肚胘。

对展每分时果子盘儿：知省、御带、御药、直殿官、门司。

晚食五十分各件：

二色螷儿、肚子羹、笑靥儿、小头羹饭、脯腊鸡、脯鸭。

直殿官大碟下酒：鸭签、水母脍、鲜虾蹄子羹、糟蟹、野鸭、红生水晶脍、鲚鱼脍、七宝脍、洗手蟹、五珍脍、蛤蜊羹。

直殿官合子食：脯鸡、油饱儿、野鸭、二色姜豉、杂燠、入糙鸡、炼鱼、麻脯鸡脏、炙焦、片羊头、菜羹一葫芦。

直殿官果子：时果十隔碟。

准备：薛方瓠羹。

备办外官食次：

第一等（簇送）：太师、尚书左仆射、同中书门下平章事秦桧：烧羊一口、滴粥、烧饼、食十味、大碗百味羹、糕儿盘劝、簇五十馒头（血羹）、烧羊头（双下）、杂簇从食五十事、肚羹、羊舌托胎羹、双下大、三脆羹、铺羊粉饭、大簇钉、鲊糕鹌子、蜜煎三十碟、时果一合（切榨十碟）、酒三十瓶。少保、观文殿大学士秦熺：烧羊一口、滴粥、烧饼、食十味、蜜煎一合、时果一合（切榨）、酒十瓶。

第二等：参知政事余若水、签书枢密巫伋、少师恭国公殿帅杨存中、太尉两府吴益、普安郡王、恩平郡王：各食十味、蜜煎一合、切榨一合、烧羊一盘、酒六瓶。

从上面的记载来看，除了知省、御带、御药、直殿官、门司等人外，还有各路大臣，记录在册者达几百人，所上、所赐的餐食、物品更是数不胜数。单单就宋高宗的御宴菜品等级来看，名贵菜肴就达二百多道，包括四十一道大菜，四十二道小果及蜜饯，二十道菜蔬，九种粥饭，二十九道干鱼，十七项饮料，十九项糕类，五十七种点心（包括各类饼干、馒头、包子）。烹饪手法，则煎、炸、烤、烧、蒸、煮等，不一而足。真是令人眼花缭乱，目不暇接。

三、普通官员、文人和豪强地主的宴饮活动

（一）普通官员的宴饮风尚

不仅宗戚大臣如此，普通官员也竞相以宴饮为尚。北宋司马光描述道："近岁风俗，尤为侈靡：走卒类士服，农夫蹑丝履。吾记天圣中，先公为群牧判官，客至，未尝不置酒，或三行、五行，多不过七行。酒酤于市，果止于梨、栗、枣、柿之类，肴止于脯、醢、菜羹，器用瓷、漆。当时士大夫家皆然，人不相非也。会数而礼勤，物薄而情厚。近日士大夫家，酒非内法，果、肴非远方珍异，食非多品，器皿非满案，不敢会宾友；常数日营聚，然后敢发书。苟或不然，人争非之，以为鄙吝。故不随俗靡者盖鲜矣。嗟乎！风俗颓弊如是，居位者虽不能禁，忍助之乎！"（司马光《传家集》卷六七《训俭示康》）南宋权贵及官员们同

〔宋〕佚名《春宴图》

样贪慕饮食的虚荣，南宋洪迈《夷坚志》一书就记载了这样一个故事：绍兴二十三年（1153），镇江有一名酒官，愚呆成性，他没有一天不会客，饮食极于精腆。同僚家中虽设盛宴招待他，他亦不轻易下筷，饮酒器具必要自己家中带来才吃，其实他是想以此夸多斗靡，务以豪侈胜人。他曾令工匠造了十桌酒具，因嫌其漆色与其要求有一点点的差距，就持斧将它们全部击碎了重造。啖羊肉，惟嚼汁，其余全部吐掉，其他肉类同样如此。他们在官场的应酬送迎上，出手极为阔绰。即使是一名小官，也是相习成风。或一延客，酒不饮正数，而饮劝杯；食不食正味，而食从羹。果肴菜疏，虽堆列于前，也不下箸，而待泛供。酒都要求是名酒，食品必须是山珍海味，以至器皿之类也务必要求高档的金银器具和名贵的瓷器。因此每举行一次宴会，往往要花费二万钱。如果上级官吏光临，则请"客就馆用大牲，小则刲羊刺豕，折俎充庭，号曰献茶饭，令拱手立堂下，三跪进酒上食，客露顶趺坐，必醉饱喜动颜色，无不满上马去"。为此，王迈在《丁丑廷对策》中有感说："今天下之风俗侈矣……士夫一饮之费，至靡十金之产，不惟素官为之，而初仕亦效甚尤矣。"（王迈《臞轩集》卷一二）

（二）文人张镃的十二时辰饮食生活

相比较于唐代文人而言，宋代文人在宴会的时候，除了焚香、烹茶、插花、挂画之外，最重要的追求是精神的享受。周密《武林旧事》卷一〇《张约斋赏心乐事》留下的张镃家的四季饮食生活记录，让我们似乎有了跟着宋人的时辰去饮食的冲动：

正月孟春：岁节家宴，人日煎饼会。

二月仲春：社日社饭，南湖挑菜。

三月季春：生朝家宴，曲水流觞，花院尝煮酒，经寮斗新茶。

四月孟夏：初八日亦庵早斋，随诣南湖放生、食糕糜，

河南省禹县白沙宋墓2号墓墓主夫妇宴饮图

白沙宋墓1号墓前室西壁壁画

河南省洛阳市新安县李村北宋宋四郎墓备宴彩绘雕砖

餐霞轩赏樱桃。

五月仲夏：听莺亭摘瓜，安闲堂解粽，重午节泛蒲家宴，夏至日鹅炙，清夏堂赏杨梅，艳香馆赏林檎，摘星轩赏枇杷。

六月季夏：现乐堂尝花白酒，霞川食桃，清夏堂赏新荔枝。

七月孟秋：丛奎阁上乞巧家宴，立秋日秋叶宴，应铉斋东赏葡萄，珍林剥枣。

八月仲秋：社日糕会，中秋摘星楼赏月家宴。

九月季秋：重九家宴，珍林赏时果，满霜亭赏巨螯香橙，杏花庄筹新酒。

十月孟冬：旦日开炉家宴，立冬日家宴，满霜亭赏蜜橘。

十一月仲冬：冬至日家宴，绘幅楼食馄饨，绘幅楼削雪煎茶。

十二月季冬：家宴试灯，二十四夜饧果食，除夜守岁家宴。

以出身名门、家庭富裕的南宋文学家张镃家一年四季的"饮食台历",可以看出宋代饮食风尚不断地趋于雅致。赏樱桃、赏杨梅、赏林檎、赏枇杷、食桃、赏新荔枝、赏葡萄、赏蜜橘、摘瓜、解粽……张镃家十二时辰的"菜谱"以果蔬食材为主,偶尔兼及鹅炙、赏巨螯香橙,显示的是生活情趣与雅致。《武林旧事》所载内容也许有文学美化的成分在,但的确反映了宋时文人的美食追求——注重食物带来的精神享受,而非食材的名贵与奢侈。

（三）豪强地主的宴庆活动

豪强地主的饮食生活,不亚于贵族富商。沈括《梦溪笔谈》卷九记载了这样一个故事:北宋文学家、书法家石延年(字曼卿,994－1041)居京师蔡河下曲,其家邻居中有一土豪,每天家中要举行各种宴庆活动。土豪家中有佣人数十名,经常路过石曼卿的家门口。有一天,石曼卿好奇地呼叫其中的一名佣人,打听其家的主人是谁。佣人回答说:"主人姓李,刚刚二十岁,家中并无兄弟,但其妻妾有数十人。"石曼卿想见其主人,请这名佣人帮忙,佣人回答说:"我家主人一向没有接待过士大夫,他人必不肯见。然他喜欢饮酒,我听人家说您也能饮酒,我想他或许会见您,待我试问他一下。"有一天,这位土豪果然派人来请石曼卿参加酒会。于是,石曼卿立即戴着帽子去见他。到了土豪家,石曼卿并没有见到这名土豪,只得坐于堂上。过了好久,这名土豪才出来见客。只见他着头巾,系勒帛,穿着便衣来见曼卿,全然不知主客之礼。土豪带石曼卿来到了另一个院子,只见里面陈设着供宴会用的帷帐、用具和饮食等物。石曼卿在供帐中坐了好长一段时间后,才见有二名丫鬟或者是妾,各持一小盘到曼卿前面,上面有十余枚红色的牙牌。其一盘是酒,共有十余种品牌,让石曼卿择一牌;其一盘为肴馔名,让石曼卿选择五品。既而二鬟离去,接着有十余名

河南省登封市黑
山沟北宋李守贵
墓壁画备宴图

妓女各自拿着菜肴、果品和乐器进来，服饰、化妆和相貌都可以说是
艳丽灿然。一妓酌酒以进，酒罢乐作。群妓执果肴者萃立在石曼卿前面，
等到石曼卿吃好，则分列在他的左右，京师人称为"软盘"。就这样，
石曼卿喝了五行，群妓才全部退出。最后，主人翩然而入，一点也不
向客人拱手为礼。石曼卿见状，便独自离开了土豪家。事后，石曼卿
与友人谈及此事，说这名土豪看起来有点愚笨，智商不高，也分不清
礼数，但其家中富有，生活极其奢侈，真是奇怪。

美味佳肴
MEIWEI JIAYAO

宋代的主食

宋代人的主食，丰富多彩，主要可分为饭、粥、面条、饼、馒头、包子、饺子等类。北方食面，南方食米，是宋代主食文化的地理差异。在这一时期，过去传统的一日两餐变成了一天日出、日中和日落三次就餐，并延续至今。

一、宋代最普通的饭食

饭，是宋人最普通的主食。其制作通常由蒸、煮而成。

（一）宋代饭食的种类

从饭食的种类来看，宋代有麦饭、粟饭、米饭、黍饭、高粱饭等；从饮食炊制时的放料来看，又可分为两种：一是以单一谷物炊制而成。例如紫米炊一升，可得饭一斗。又，洪迈《夷坚丙志》卷八《谢七娒》载，信州玉山县塘南七里店民谢七妻，不孝于姑，每天让她吃麦饭，又不让她吃饱，而自己则食白粳饭。一为多种原料搭配合制而成。如用石髓、大骨等和米合煮成石髓饭、大骨饭、淅米饭、麦笋素羹饭等，诸如今天的八宝饭、杂锦饭之类。

青精饭，即人们立夏吃的乌米饭，又名"乌饭""旱莲饭"。原为民间食品，唐代即有，相传为道家太极真人所创，服之延年。诗圣杜甫就很喜欢青精饭，他写道："岂无青精饭，令我颜色好"，意思是吃了青精饭，面色红润，吃嘛嘛香。后佛教徒亦多于阴历四月八日造此饭以供佛。明代李时珍《本草纲目》卷中有这样的记载："此饭乃仙家服食之法，而今释家多于四月八日造之，以供佛。"林洪《山家清供》卷上载其制法：初夏采南烛木（即乌饭树）枝叶，洗净，捣其叶汁，浸上白好粳米，不拘多少，候一二时，蒸饭，将米蒸熟。然后晒曝干燥，复蒸复晒9次，所谓"九蒸九曝"，成品米粒坚硬而碧色，可久贮远携。如用时，先用滚水量以米数，煮一滚，即成饭。熟后饭色青绿，气味清香，非常美妙。用水不可多，亦不可少。久服，可以延年益颜，滋补身体。后来青精饭伴随着节气流传了下来，江南一带的很多地方每逢农历四月初八初夏时节，多有人家采摘青精（南烛木）的细嫩叶子来做青精饭（乌米饭），用这道不曾失传的美味来祭祀祖先，已成习俗。

蟠桃饭，即用蟠桃肉与大米合煮的饭。林洪《山家清供》卷上"蟠桃饭"载其制法："采山桃，用米泔煮熟，漉置水中。去核，候饭涌同煮，顷之，如盦饭法。"蟠桃饭将桃子的香甜和稻米的香味神奇地结合起来，从而迸发出别样的味道。煮熟后软绵可口，有桃子淡淡的清香甘甜，更加引人食欲。

金饭，因以金黄色正菊花合米共煮而成，故名。林洪《山家清供》卷下载其法：采紫茎黄色正菊英（菊花的正头），以甘草汤和盐少许焯过。候饭少熟，投之同煮。久食可以明目延年，更有坚筋骨、长肌肉和解毒的功能。如果能够得到南阳甘谷水煎之，则效果更佳。

玉井饭，是用藕片和莲子煮成的盖浇饭。其名取自唐代大文学家韩愈《古意》中"太华峰头玉井莲，开花十丈藕如船"的诗句。这里使用了夸张手法，也是源自一个神话传说。相传华山西峰有一个叫作玉井的深潭，开满了玉井莲。据说玉井莲开花有十丈那么高，结成的藕像船那么大。后来人们就用玉井来指代莲花，用藕和莲子做成的饭便叫玉井饭了。林洪《山家清供》卷下载有其制法："削嫩白藕作块，采新莲子去皮心，候饭少沸投之，如盦饭法。盖取'太华峰头玉井莲。花开十丈藕如船'之句。"这种饭香美异常，令人赞不绝口。

盘游饭，为一种以煎角虾、鸡鹅肉块、猪羊灌肠、蕉子、姜等和米杂煮而成的饭食。早在北宋时就流行于江南、岭南一带。苏轼《仇池笔记》卷下载："江南人好作盘游饭，鲊脯脍炙无不有，埋在饭中，里谚曰：'掘得窖子。'"又作团油饭，陆游《老学庵笔记》卷二引《北户录》云："岭南俗家富者，妇产三日或匝月，洗儿，作团油饭，以煎鱼虾、鸡鹅、猪羊灌肠、蕉子、姜、桂，盐豉为之。"据此，陆游认为团油饭"即东坡先生所记盘游饭也。二字语相近，必传者之误"。

二红饭，为苏轼创制的一种以去皮大麦掺赤豆而制成的饭。据苏轼《仇池笔记》卷上记载，北宋元丰五年（1082）夏，他在黄州东坡种田地五十余亩，收大麦二十余担。恰逢这一年麦价甚贱，卖掉很不合算。正好家里的粳米吃完，他只得日夜让佣人舂麦，蒸成早饭。嚼之啧啧有声，小儿女形容如同吃虱子。然中午时候，腹饥，加浆水熬成粥，觉味甜酸浮滑。有创意的苏轼，加入小红豆，同蒸之，小红豆味香，大麦甘滑味长，蒸出的饭色泽微红，味香爽口，他的妻子王闰之笑称其为"新式二红饭"，有"西北村落"的风味。苏轼食后，专门写了一篇《二红饭》的文章。

蓬饭，为民间流行的一种以鲜嫩白蓬草和米面杂合煮成的饭食。林洪《山家清供》卷下《蓬糕》载其饭法："候饭沸，以蓬拌面煮，名蓬饭。"

（二）宋代饭食的方法

宋代饭食的方法较多，其中常见的有泡饭。泡饭是宋代比较流行的一种饭食方法。《梦粱录》卷二《诸州府得解士人赴省闱》载："其士人在贡院中，自有巡廊军卒赍砚水、点心、泡饭、茶酒、菜肉之属货卖。"这种泡饭用开水浸泡而成，在当时又被称作"沷饭"，周煇《清波杂志》卷一说："（高宗赵构）自相州渡大河，荒野中寒甚，烧柴，借半破瓷盂，温汤泡饭，茅檐下与汪伯彦同食。"这种类似于今天的方便面，在食店中有售，如《都城纪胜·食店》载："都城食店……凡点索食次，大要及时。如欲速饱，则前重后轻；如欲迟饱，则前轻后重。"耐得翁注："重者如头羹、石髓饭、大骨饭、泡饭、软羊、淅米饭；轻者如煎事件、托胎、奶房、奶尖、肚肱、腰子之类。"至今，泡饭仍受杭州人喜爱。

此外，宋代还有一些特殊意义的饭类，如社饭。社饭是社祭时用作祭祀供品的饭。孟元老《东京梦华录》卷八《秋社》载："八月秋社……贵戚宫院以猪羊肉、腰子、奶房、肚肺、鸭饼、瓜姜之属，切作棋子片样，滋味调和，铺于饭上，谓之社饭，请客供养。"

二、只将食粥致神仙

（一）宋代粥的食用和认识

粥类是宋代常见的主食之一，一般以水煮而成。人们食用粥往往出于两个目的：一是为了节约粮食。出于这种目的的多为贫民，如南宋赵汝适《诸蕃志》卷下载：海南地多荒田，所种的粳稻，产量低，无法满足当时居民的粮食需要，只得用当地出产的一种薯芋杂米烧粥糜，以填饱肚子。北宋政治家范仲淹，少年时清苦力学，平日早晚两顿食粥时，仅配点菜而已。二是为了养生益寿。张耒《粥记赠邠老》曾说：

范仲淹像

张安定每天早晨起来，食粥一大碗。他认为，空腹胃虚，谷气便作，所补不细，又极柔腻，与肠腑相得，这是最好的饮食良方。妙齐和尚说山中的僧人，每天清晨前吃一碗粥，对身体较好。如果哪天清晨前不吃，则终日觉得脏腑燥渴。其实，粥是能够起到畅胃气、生津液的好处。陆游《食粥》诗也说："世人个个学长年，不悟长年在目前。我得宛丘平易法，只将食粥致神仙。"

（二）宋代粥的品种和制作方法

宋代粥的品种较多，据宋代文献《太平圣惠方》《圣济总录》《养老奉亲书》三书统计，仅食疗的粥品就多达306种。南宋周密《武林旧事》卷六《粥》中所载临安市肆中流行的有七宝素粥、五味粥、粟米粥、糖豆粥、糖粥、糕粥、馓子粥、绿豆粥等。此外，林洪《山家清供》中尚载有荼蘼粥、梅粥、真君粥、河祗粥、豆粥等。

豆粥的制作方法，在林洪《山家清供》卷上中有载："用沙瓶（即砂锅）烂煮赤豆，候粥少沸，投之同煮，既熟而食。"苏轼《豆粥》一诗描述道："君不见溥沲流渐车折轴，公孙仓皇奉豆粥。湿薪破灶自燎衣，饥寒顿解刘文叔。又不见金谷敲冰草木春，帐下烹煎皆美人。萍齑豆粥不传法，咄嗟而办石季伦。干戈未解身如寄，声色相缠心已醉。身心颠倒不自知，更识人间有真味。岂知江头千顷雪色芦，茅檐出没晨烟孤。地碓春粳光似玉，沙瓶煮豆软如酥。我老此身无著处，卖书来问东家住。卧听鸡鸣粥熟时，蓬头曳履君家去。"又，赵万年《程机宜宅吃豆粥》诗："豆红米白间青蔬，仿佛来从香积厨。异日大官还饱饫，不应忘却在芜蒌。"由此可见，豆粥在宋代深受文人士人人的喜爱。

梅粥，又称梅花粥。据林洪《山家清供》卷下所载，其制法是：扫起落下的梅花，拣净洗好，然后用雪水同上等白米先煮。待粥即将熟时，再将洗净的梅花一起放进去煮。熟后即可饮食。杨万里《落梅有叹》诗："才看腊后得春饶，愁见风前作雪飘。脱蕊收将熬粥吃，落英仍好当香烧。"

荼蘼粥，即用荼蘼花花瓣合米水煮而成。林洪《山家清供》卷下记载，其法是："采花片，用甘草汤焯，候粥熟同煮。"即用荼蘼花做粥，用放入甘草的热水焯过，与粳米一起煮粥。此粥曾为寺院僧人嗜好，不过味道有点清苦，只是花香馥郁。林洪有一天过灵鹫寺拜访僧人苹州德修，中午留在寺院吃粥，味道非常香美。一问，才知为荼蘼花制作的粥。佐粥的小菜是木香的嫩叶，也是直接放水中焯，用油盐拌食。荼蘼花也是宋代诗人非常钟爱的一种花卉，南宋朱弁《曲洧旧闻》卷三记载了一种风雅的游戏：蜀公居许下，在其所居住的地方建造了一个名叫"长啸"的大堂，堂前有一株高大的荼蘼，荼蘼架高广，可以容纳数十位客人。每当春季荼蘼花盛开时，他就在花架下招待文人朋友，在花下饮酒作诗。大家约定：风吹花落，荼蘼花瓣掉落到谁的酒杯里，谁就必须将杯中的酒饮光。有时语笑喧哗之际，微风拂过，落英满地，众人杯中皆落满花瓣，所以大家一起举杯痛饮。因而这种聚会有个好听的名字，叫"飞英会"。传之四方，大家无不以为美谈。时人有诗："好春虚度三之一，满架荼蘼取次开。有客相看无可没，数枝带雨剪将来。"荼蘼花可酿酒，但作为饮食，并不广泛。

真君粥，传说由三国时期的名医董奉创制，流行于宋代。林洪《山家清供》卷下载其制法："杏子煮烂去核，候粥煮，同煮，可谓真君粥。"

豌豆大麦粥，即用豌豆、大麦合煮而成的粥。苏轼《过汤阴市得豌豆大麦粥示三儿子》诗："朔野方赤地，河堨但黄尘。秋霖暗豆荚，夏早瞿麦人。逆旅唱晨粥，行庖得时珍。青斑照匕箸，脆响鸣牙龈。玉食谢故吏，风餐便逐臣。漂零竟何适，浩荡寄此身。争劝加餐食，实无负吏民。何当万里客，归及三年新。"

河祇粥，流行浙东一带。林洪《山家清供》卷下载："比游天台山，有取干鱼浸洗，细截，同米粥，入酱料，加胡椒，言能愈头风，过于陈琳之檄。亦有杂豆腐为之者。"

三、面条的全面细化

（一）宋代面条的充分发展

宋代面条的名称较多，除简称"面"外，又称为"汤饼""索饼"。如高承《事物纪原》卷九《汤饼》云："魏晋之代，世尚食汤饼，今索饼是也。"它在当时得到了充分的发展，全面完成了品类的细化，成为饭粥之外最重要的主食。其品种当在近百种左右，基本上已经和现代一致了。仅《东京梦华录》《武林旧事》《梦粱录》《山家清供》等书就载有鼋生软羊面、桐皮面、插肉面、大燠面、菜面、百合面、铺羊面、盘生面、盐煎面、齑肉菜面、笋淘面、素骨头面、大片铺羊面、炒鳝面、卷鱼面、笋泼面、笋辣面、乳齑面、笋齑淘、笋菜淘面、七宝棋子、百花棋子、姜泼刀、带汁煎、棋子、饦饦面、三鲜棋子、虾燥棋子、虾鱼棋子、丝鸡棋子、鳝鱼桐皮面、虾燥子面、拨刀鸡鹅面、家常三刀面、血脏面、鱼面、猪羊庵生面、丝鸡面、三鲜面、笋泼肉面、炒鸡面、大熬面、子料浇虾燥面、耍鱼面、熟齑笋面、肉淘面、银丝冷淘、笋燥齑淘、丝鸣淘、抹肉淘、冷淘、肉齑淘、齑淘、抹肉面等。这些名目繁多的面条，从烹饪的方法来看，可分为煎面、炒面、燠面、浇头面；从制作的方法而论，有拨刀面、大燠面等之分；从辅料来分，有荤面、素面；从地方风味来分，北食有鼋生软羊面、桐皮面、冷淘棋子等，川食有插肉面、大燠面，等等。其中，酪面为一种流行于北方的食品，因以乳酪和面制成，故名。冷淘，即我们今天所称的凉面，多见于炎热的夏天，可以说是一种消暑用的面食。因面在热锅中煮熟后捞出，在凉开水中浸泡一下，以使面迅速冷却，然后加上配料食用，故名。宋室南渡后，这种解腻爽口的面条也传到了临安。中原来的厨师根据当地的特点，创造了南北交融的新风味，品种更加繁多了，时有荤素之分，名目有肉淘面、银丝冷淘、笋燥齑淘、丝鸡淘、抹肉淘、冷淘、肉齑淘、齑淘、沫肉瀣淘等。

〔明〕仇英绘《清明上河图》中北宋都城东京街头的"各色鲜鱼面" 辽宁省博物馆藏

此外，疙瘩面、三鲜棋子、虾燥棋子、虾鱼棋子、丝鸡棋子等也属面条。这些面条既有热面，也有冷面，辣、鲜、香等五味俱全，可以适应不同层次、不同口味的顾客食用。

（二）宋代的常见面条及制作方法

百合面的制法，见于林洪《山家清供》卷上："春、秋仲月，采百合根曝干，捣、筛，和面作汤饼，最益血气。又，蒸熟，可以佐酒。"由此可见，这种面条具有益血健身的功效。

萝菔面，即用萝卜汁和面。《山家清供》卷下载："王医师承宣，常捣笋菔汁搜面作饼，谓能去面毒。"

玉延索饼为汤面之一种。《山家清供》卷下载："山药，名薯蓣，秦楚之间名玉延。花白，细如枣；叶青，锐于牵牛。夏日，溉以黄土壤，则蕃。春秋采根，白者为上，以水浸，入矾少许，经宿，洗净去延（涎），焙干，磨筛为面。宜作汤饼用。如作索饼，则熟研滤为粉，入竹筒，微溜于浅酸盆内，出之于水，浸去酸味，如煮汤饼法。如煮食，惟刮去皮，蘸盐、蜜皆可。其性温，无毒，且有补益。故陈简斋有《延玉赋》，取香、色、味以为三绝。陆放翁亦有诗云：'久缘多病疏云液，近为长斋煮玉延'。"由此可见，"玉延"其实就是山药的别名。因此，这道看上去色泽温润、吃了可能延年益寿的玉延索饼，就是山药面条。林洪还友情提醒大家，如果要做索饼，山药粉最好多研磨，多过滤，成粉之后装入竹筒，然后在盛有淡醋的盆里过一遍水，捞出，最后再放入清水中，浸去酸味。

　　槐叶淘又称槐叶冷淘，为一种用槐叶汁过水的凉拌面，早在唐代就已经流行。杜甫《槐叶冷淘》一诗："青青高槐叶，采掇付中厨。新面来近市，汁滓宛相俱。入鼎资过熟，加餐愁欲无。……君王纳凉晚，此味亦时须。"至宋尤盛，《山家清供》卷上载其制法："于夏采槐叶之高秀者，汤少瀹，研细滤清，和面作淘，乃以醯、酱为熟齑，簇细苗以盘行之，取其碧鲜可爱也。"即在夏天采槐树的嫩叶，在热汤中少瀹一下，然后捣汁和面，做成面条，煮熟后放入冷水或冰水中过凉，

槐叶冷淘（杭帮菜博物馆制作）

然后捞起，调味，就可以得到一碗颜色鲜明碧绿，吃起来凉滑爽口的槐叶冷淘了。

自爱淘也是一种凉拌面。《山家清供》卷下载曰："炒葱油，用纯滴醋和糖、酱作齑，或加以豆腐及乳饼，候面熟，过水，作茵供食。真一补药也。食，须下热面汤一杯。"

甘菊冷淘为一种使用甘菊叶汁制作而成的凉面。宋代诗人王禹偁大约是在滁州任职的时候，吃到了甘菊做的冷淘面，也写了一首《甘菊冷淘》诗，诗中说："经年厌粱肉，颇觉道气浑。孟春奉斋戒，敕厨唯素飧。淮南地甚暖，甘菊生篱根。长芽触土膏，小叶弄晴暾。采采忽盈把，洗去朝露痕。俸面新且细，溲牢如玉墩。随刀落银缕，煮投寒泉盆。杂此青青色，芳香敌兰荪。一举无孑遗，空愧越碗存。解衣露其腹，稚子为我扪。饱惭广文郑，饥谢鲁山元。况我草泽士，藜藿供朝昏。谬因事笔砚，名通金马门。官供政事食，久直紫薇垣。谁言谪滁上，吾族饱且温。既无甘旨庆，焉用味品烦！子美重槐叶，直欲献至尊。起予有遗韵，甫也可与言。"他说自己常吃肉，吃多了感觉到自己都有点俗气，人都浑浊了，认为还是要吃点素。近来淮南天气热了，长在篱笆边的甘菊非常可爱，他早上起来采了一把，洗去露水。开始切面，"随刀落银镂"，接着用寒泉水煮面。从该诗中所说的"杂此青青色，芳草敌兰荪"，可见此面芳香浓郁，颜色青碧，味道并不比槐叶冷淘差。由于味道实在太好，以致作者吃得太饱。他认为子美喜欢槐叶冷淘，吃过之后还不忘想要推荐给皇上品尝，而自己现在吃的这道甘菊冷淘也同样不逊色，又好吃又好看。

三脆面以嫩笋、小蕈、枸杞头三者合煮而成。因这三者原料均以甜脆鲜嫩著称，故名。《山家清供》卷下《山家三脆》载："笋、小蕈、枸杞头，入盐汤焯熟，同香熟油、胡椒、盐各少许，酱油、滴醋拌食。……或作汤饼以奉亲，名三脆面。"

梅花汤饼为一种极富情趣、鲜香味美的面食。《山家清供》卷上载："泉之紫帽山有高人，尝作此供。初浸白梅、檀香末水，和面作馄饨皮。每一叠，用五分铁凿如梅花样者，凿取之。候煮熟，乃过于鸡清汁内，每客止二百余花。"据此可知，其制法是：将面粉加水和成软硬合适的皮坯，稍饧。把醒好的面团擀成馄饨皮的厚薄，再用梅花凿制成汤饼生坯。锅内水烧开后，把汤饼倒入，烧开后再点一次水，再烧开后即可捞出，放入热鸡汤中食用。特点：形态美观，口味独特。正如诗句所形容的："恍如孤山下，飞玉浮西湖。"

梅花汤饼（杭帮菜博物馆制作）

〔清〕冯宁仿宋院画《金陵图》中的馒头店

四、馒头的丰富之味

馒头是指用发酵面团做成半球形蒸制而成的面食，无馅。包子在宋代又称为包儿、馒头等，它是用麦粉和水揉面做剂子，以甜、咸、荤、素、香、辣诸种食物配制成各种各样的馅心，夹在面剂子中间，收口做成个子较小的扁圆之状，蒸熟后便食用。包子和馒头在南宋时往往混称，但"馒头"一词大多指包子，如朱熹曾以此作例："如吃馒头，只吃些皮，元不曾吃馅，谓之知馒头之味，可乎？"

（一）宋代馒头的品种

宋代馒头品种甚多，见于文献记载的有四色馒头、生馅馒头、杂色煎花馒头、糖肉馒头、羊肉馒头、太学馒头、笋肉馒头、鱼肉馒头、蟹黄馒头、蟹肉馒头、剪花馒头、灌浆馒头、假肉馒头、笋丝馒头、裹蒸馒头、波菜里子馒头、辣馅糖馅馒头、蕈馒头、巢馒头等几十种。如：蕈馒头即以香菇作馅的馒头。苏轼《约吴远游与姜君弼吃蕈馒头》诗："天下风流笋饼啖，人间济楚蕈馒头。事须莫与谬汉吃，送与麻田吴远游。"麻田，其地在今浙江淳安县北。由此可见，这种馒头流行于两浙地区。

（二）名扬宋代的太学馒头

太学馒头源于北宋太学。据传，元丰初年的一天，宋神宗赵顼去视察国家的最高学府——太学。正好学生们吃饭，于是宋神宗令人取太学生们所食的饮馔看看。不久饮馔呈至，他品尝了其中的馒头，食后颇为满意，说："以此养士，可无愧矣！"从此，太学生们纷纷将这种馒头带回去馈送亲朋好友，以浴皇恩。"太学馒头"的名称由此名扬天下，成了京师内外人人皆知的名吃。北宋南迁之后，太学馒头的制法又传到了杭州，成为那里著名的市食之一。据孙世增研究，太学馒头的制法颇为简便，它是将切好的肉丝，拌入花椒面、盐等佐料来作馅、再用发面作皮，制成今日的馒头状即可。其形似葫芦，表面白亮光滑，具有软嫩鲜香的风味特色，即使是没有牙齿的老人也乐于食用。[①] 所以，宋人岳珂在其《馒头》诗中赞道："几年太学饱诸儒，余技犹传笋蕨厨。公子彭生红缕肉，将军铁杖白莲肤。芳馨政可资椒实，粗泽何妨比瓠壶。老去齿牙辜大嚼，流涎聊复慰馋奴。"

---

① 孙世增：《"太学馒头"与"发面包子"》，载《烹饪史话》，中国商业出版社，1986年，第478页。

五、火烧而食的面饼

（一）宋代面饼的名称与分类

饼在宋代一般为面制食品的统称，如黄朝英《靖康缃素杂记》卷二《汤饼》说："凡以面为食具者，皆谓之饼。故火烧而食者，呼为烧饼；水瀹而食者，呼为汤饼；笼蒸而食者，呼为蒸饼，而馒头谓之笼饼。"由此可见，宋人已按饼成熟方法的不同而划分为三大类，这是宋代面饼制作发展的一大标志。

河南登封高村宋墓壁画《烙饼图》

（二）花色品种繁多的宋饼

宋代饼的种类，除前面所述的面条（又称汤饼、索饼）、馒头（笼饼）外，尚有许多名目。如司马光《书仪》卷一载祭祀时的面食有薄饼、油饼、胡饼、蒸饼、环饼等；《东京梦华录》载都城东京市面上出售的饼有油饼、蒸饼、宿蒸饼、油蜜蒸饼、糖饼、胡饼、茸割肉胡饼、白肉胡饼、肉饼、莲花肉饼、环饼、髓饼、天花饼等十余种；《梦粱录》《武林旧事》等书中载有金银炙焦牡丹饼、枣箍荷叶饼、芙蓉饼、菊花饼、月饼、梅花饼、开炉饼、甘露饼、肉油饼、炊饼、乳饼、油酥饼儿、糖蜜酥皮烧饼、春饼、芥饼、辣菜饼、熟肉饼、鲜虾肉团饼、羊脂韭饼、旋饼、胡饼、猪胰胡饼、七色烧饼、焦蒸饼、风糖饼、天花饼、秤锤蒸饼、金花饼、睡蒸饼、炙炊饼、菜饼、荷叶饼、韭饼、糖饼、髓饼、宽焦饼、蜂糖饼等三四十种。由此可见，宋代饼的制作技术是不断发展的。

蒸饼是我国最古老的发酵面团蒸制食品。高承《事物纪原》卷九《蒸饼》说："秦汉逮今，世所食，初有饼、胡饼、蒸饼、汤饼之四品。惟蒸饼至晋何曾所食，非作十字坼，则不下箸，方一见于此。以是推之，当出自汉魏以来也。"蒸饼在宋代又作炊饼，吴处厚《青箱杂记》卷二载："仁宗庙讳贞，语讹近蒸。今内庭上下皆呼蒸饼为炊饼。"蒸饼在宋代颇受人们的喜爱，创制出宿蒸饼、油蜜蒸饼、焦蒸饼、睡蒸饼、秤锤蒸饼、玉砖等不同的花色品种。陈达叟《本心斋蔬食谱》赞"玉砖"道："截彼圆璧，琢成方砖。有馨斯嫩，薄洒以盐。"

宋人食用的胡饼乃是一种火炉烤制的麻饼，但在制作时比过去有所改进。吴氏《中馈录》所载的糖薄脆饼，就是宋代一种制作精良的胡饼。据该书所载，其制法是：取"白糖一斤四两、清油一斤四两、水二碗、白面五斤，加酥油、椒、盐、水少许，搜和成剂。擀薄，如酒盅口大，上用去皮芝麻撒匀，入炉烧熟。食之香脆"。可见，这种饼具有香甜薄脆的风味特点，又，周辉《清波杂志》卷九《御府折食钱》载有"白肉胡饼"。

松黄饼，是一种由松花黄和炼熟蜜制成的饼。《山家清供》卷上记录了松黄饼的做法："春末，取松花黄和炼熟蜜，匀作如古龙涎饼状。"即在松花出粉时，收粉加入米粉，由水调后密封几天，然后作如古龙涎饼状。明人称之为"松黄糕"，宋诩《宋氏养生部》的记述更加细致："松黄六升、白糯米绝细粉四升、白砂糖一斤、蜜一斤，少水溲和，复碓之，复筛之，甄中界之，蒸，至粉熟为度。"这种饼不惟色泽嫩黄，"香味清甘，亦能壮颜益志"。苏辙写清贫的山家生活，说是"饼杂松黄二月天，盘敲松子早霜寒"。林洪食松黄饼，是在好友陈介家中。席间，两人一边对饮，一边品尝松黄的清味，两个童子在一旁唱着陶渊明的《归去来辞》。恍然间，林洪生起归隐山林之意，感叹什么驼峰、熊掌，竟不如这寻常一饼。

神仙富贵饼是一种风味独特的饼食，属蒸饼之一，有延生益寿的作用。《山家清供》卷上载："白术用切片子，同石菖蒲煮一沸，曝干为末，各四两，干山药为末三斤，白面三斤，白蜜（炼过）三斤，和作饼，曝干，收候客至，蒸食，条切，亦可羹。章简公诗云：'术荐神仙饼，菖蒲富贵花。'"

通神饼的制法比较讲究。《山家清供》卷下载："姜薄切，葱细切，以盐汤焯。和白糖、白画，庶不太辣。入香油少许，炸之。能去寒气。朱晦翁《论语注》云：'姜通神明。'故名之。"由此可见，这种饼具有通气提神、去寒开胃的良效，久食可以达到养生的作用。

云英面饼是一种由8种植物原料和糖蜜而蒸制成的甜味饼。因食之可以延生益寿，故取传说中的唐代仙女云英命名。据宋初陶谷《清异录》所载，此面由北宋初期善篆书、有诗名的郑文宝创制，其法是：将藕、莲、菱、芋、鸡头、荸荠、慈菇、百合，混在一起，选择净肉，烂蒸。用风吹晾一会儿，在石臼中捣得非常细，再加上四川产的糖和蜜，蒸熟,然后再入臼中捣,使糖、蜜和各种原料拌均匀,再取出来,作一团,等冷了变硬,再用干净的刀随便切着吃。其制法要注意以下几点:"糖多为佳,蜜须合宜,过则大稀。"据此可知,这种"云英面"的制作颇像江南人好做的鲊脯脍炙无不有、埋在饭中杂烹的"盘游饭"的风味。

韭饼的做法,和今天的韭菜盒子相似。春初早韭,叶片青翠欲滴,茎梗水嫩少渣,香辛浓郁,在蔬食中别具一格。利用春韭制作的韭饼,格外松脆可爱。据《山家清供》所载,其吃法是:春韭滚水中焯至断生,入凉水冷却,加姜丝、酱油、滴醋凉拌。清代《食宪鸿秘》也记载有韭饼食谱:"好猪肉细切膘子,油炒半熟,韭生用,亦细切,花椒、砂仁、酱拌。捍薄面饼,两合拢边,熯之。"而羊脂韭饼,则是在馅料中额外加入一小块剁碎的羊脂。春韭鲜嫩,羊脂晶莹,面皮焦脆,以油脂的丰腴与谷物的温厚,衬托春菜浓烈的甘香,这种热气腾腾的韭饼是市井的智慧,也是市井小民所钟爱的。

酥饼为宋代非常盛行的一种食品。吴氏《中馈录》载其制法:"油酥四两,蜜一两,白面一斤,搜成剂,入印作饼,上炉。或用猪油亦可,用蜜二两尤好。"其名称和品种较多,如文献记载中的肉油酥、糖蜜酥皮烧饼、酥儿印、油酥饼、雪花酥等等。雪花酥和酥儿印两种酥饼的制法,在《中馈录》中有载,其中,雪花酥的制法为;"油下小锅化开,滤过,将炒面随手下,搅匀,不稀不稠。掇锅离火,洒白糖末下,在炒面内搅匀,和成一处,上案擀开,切象眼块。"酥儿印的制法为:"用生面搀豆粉同和,用手擀成条,如箸头大,切二分长,逐个用小梳掠印齿花,收起。入酥油锅内炸熟,漏勺捞起来,热洒白沙糖细末,拌之。"由此可见,前种酥饼因其形色如雪花而名;后种酥饼则因其制作用小梳子模印而名。这些外形不一、制作精美的酥饼,香甜松脆,油而不腻。深受人们的欢迎。

蟹黄包子

〔清〕冯宁仿宋院画《金陵图》中的"包子"

六、南北盛行的包子

（一）宋代大众食品包子的发展

宋代的包子是一种有馅子的、发面或半发面的蒸制面食。其制作方法与馒头相同，但形状有异，故吴自牧在《梦粱录》卷一六《荤素从食店》中分别加以叙述。它在北宋时已成为朝野流行的一种面食。据王栐《燕翼诒谋录》卷三载：大中祥符八年（1015）二月丁酉，值仁宗皇帝诞生之日，真宗皇帝喜甚，宰臣以下称贺，宫中出包子以赐臣下，其中皆金珠也。由此可见，当时宫中已流行食用包子。而一些权贵富豪之家更是将包子视为美食，精心制作。而软羊诸色包子、猪羊荷包等类包子在民间更是成为市肆名食。东京城内的王楼山洞梅花包子、鹿家包子著名于时。到了南宋，包子更成为一种大众食品。

（二）宋代食肆中的特色包子

宋代包子的品种比较繁多，人们以甜、咸、荤、素、香、辣诸种辅料食物制成各种各样的馅心包子，仅《梦粱录》《武林旧事》等书中就载有大包子、鹅鸭包子、薄皮春茧包子、虾肉包子、细馅大包子、水晶包儿、笋肉包儿、江鱼包儿、蟹肉包儿、野味包子等近20种。

野味包子为一种以野味为肉馅的包子。陆游《食野味包子戏作》诗："珍馐贫居少，寒云万里宽。叠双初中鹄，牢丸已登盘。放箸摩便腹，呼童破小团。犹胜瀼西老，菜把仰园官。"由此可知，陆游此诗中的野味包子是由天鹅肉制成的。

灌汤包子，即灌汤包。它的特点就是皮薄馅大汁水多，具有鲜香美味等特点，非常好吃。据《东京梦华录》卷二《宣德楼前省府宫宇》载，北宋都城开封的"王楼山洞梅花包子"，号称京城名吃。袁褧《枫窗小牍》卷下载："旧京工伎，固多奇妙，即烹煮盘案，亦复擅名，如王楼梅花包子。"后人将其发扬光大，全国各地的各种灌汤包品牌层出不穷，成为了现在男女老少都喜欢的灌汤包，而且享誉全国，成为一种中华名小吃。因为灌汤包在全国各地遍地开花，所以每个地区的灌汤包都是经过改良的，但是吃上去却更加美味，可以说是与时俱进了。上海的灌汤包就非常好吃，也非常有名，它的口感偏甜，但甜得恰到好处，吃上去有一种非常浓重的醇香味。开封的灌汤包子，皮薄有肉馅，底层有鲜汤。外表洁白，有透明之感。包子上有精工捏制皱褶32道，非常的均匀。搁在白瓷盘上看，灌汤包子似白菊，抬箸夹起来，悬如灯笼。这个唯美主义的赏析过程，不可或缺。吃法也颇为讲究，开封人有这样一句顺口溜："先开窗，后喝汤，再满口香。"

蟹黄包子，即蟹黄馒头，现存宋代史籍和食谱均未提及当时的具体做法，只有南宋曾敏行《独醒杂志》卷九记载了一则与蟹黄包子有关的故事，说是蔡京做宰相的时候，某天会议后请下属一起吃饭，吩咐厨子做蟹黄包子。饭后，厨子算了算账，"馒头一味为钱一千三百余缗"。即单做蟹黄包子就花了1300多贯。这种用蟹肉做成包子，自然是人间美味。高似孙有《蟹包》诗："妙手能夸薄样梢，桂香分入蟹为包。也知不枉持螯手，便是持螯亦草茅。"说蟹包味美，不输给持螯供。现在的蟹黄包子同时可能是灌汤包子，如扬州的蟹黄汤包、宜兴的蟹黄馒头、烟台的灌浆蟹包，统统都是既有蟹黄又灌汤的，但宋朝的蟹黄包子是否灌汤，不得而知。

美味佳肴

MEIWEI JIAYAO

宋代的点心小吃

一、点心的由来和花色品种

（一）点心的由来和发展

点心是糕点之类的食品，其意是指在正餐之前以充饥的小食。相传东晋时期一大将军，见到战士们日夜血战沙场，英勇杀敌，屡建战功，甚为感动，随即传令烘制民间喜爱的美味糕饼，派人送往前线，慰劳将士，以表"点点心意"。自此以后，"点心"的名字便传开了，并一直延用。

到唐代，世俗例以早晨小食为点心。南宋吴曾《能改斋漫录》卷二《事始·点心》说："自唐时已有此语。"据该书所载，唐代有一官员，其家中佣人准备夫人的早晨点心，夫人对其弟弟说："我还在化妆，现在还不能吃早餐，你可先吃点点心。"又，唐代孙颀《幻异志·板桥三娘子》载："有顷，鸡鸣，诸客欲发，三娘子先起点灯，置新作烧饼于食床上，与诸客点心。"

至宋代，吃"点心"的风气非常盛行，如庄绰《鸡肋编》卷下载："上觉微馁，孙见之，即出怀中蒸饼云：'可以点心。'"周密《癸辛杂识前集·健啖》："赵温叔丞相形体

仿宋点心糖火烧（杭帮菜博物馆提供）

仿宋点心四喜馒头（选自胡忠英编《杭州南宋菜谱》）

仿宋点心灶君糕（选自胡忠英编《杭州南宋菜谱》）

魁梧，进趋甚伟。阜陵素喜之，且闻其饮啖数倍常人。会史忠惠进玉海，可容酒三升。一日，召对便殿，从容问之曰：'闻卿健啖，朕欲作小点心相请，如何？'赵悚然起谢。遂命中贵人捧玉海赐酒，至六、七，皆饮酹，继以金拌捧笼炊百枚，遂食其半。"《梦粱录》卷二《诸州府得解士人赴省闱》："其士人在贡院中，自有巡廊军卒赍砚水、点心、泡饭、茶酒、菜肉之属货卖。"《诸库迎煮》；"最是风流少年，沿途劝酒，或送点心。"

（二）宋代点心的花色品种

宋代点心小吃的种类，已经从过去的糕饼之类远远扩大了，名目繁多。如灌园耐得翁《都城纪胜·食店》载："市食点心，凉暖之月，大概多卖猪羊鸡煎炸、㵱划子、四色馒头、灌肺、灌肠、红煠姜豉、蹄子肘件之属。夜间顶盘挑架者，如鹌鹑馉饳儿、焦锤、羊脂韭饼、饼餤、春饼、旋饼、澄沙团子、宜利少、献餐糕、炙杷子之类。"计 17 种左右。而吴自牧《梦粱录》卷一六《荤素从食店》所载的点心小吃更是多达一百余种，现将其全文摘录如下：

市食点心，四时皆有，任便索唤，不误主顾。且如蒸作面行卖四色馒头、细馅大包子，卖米薄皮春茧、生馅馒头、饾子、笑靥儿、金银炙焦牡丹饼、杂色煎花馒头、枣箍荷叶饼、芙蓉饼、菊花饼、月饼、梅花饼、开炉饼、寿带龟仙桃、子母春茧、子母龟、子母仙桃、圆欢喜、骆驼蹄、糖蜜果食、果食将军、肉果食、重阳糕、肉丝糕、水晶包儿、笋肉包儿、虾鱼包儿、江鱼包儿、蟹肉包儿、鹅鸭包儿、鹅眉夹儿。十色小从食，细馅夹儿、笋肉夹儿、油炸夹儿、金铤夹儿、江鱼夹儿、甘露饼、肉油饼、菊花饼、糖肉馒头、羊肉馒头、太学馒头、笋肉馒头、鱼肉馒头、蟹肉馒头、肉酸馅、千层儿、炊饼、鹅弹。更有专卖素点心从食店，如丰糖糕、乳糕、栗糕、镜面糕、重阳糕、枣糕、乳饼、

韭饼（宋韵婺州府制作）

芝麻酥饼

千层酥油饼

麸笋丝、假肉馒头、笋丝馒头、裹蒸馒头、波菜果子馒头、七宝酸馅、姜糖、辣馅糖馅馒头、活糖沙馅诸色春茧、仙桃龟儿、包子、点子、诸色油炸、素夹儿、油酥饼儿、笋丝麸儿、果子、韵果、七宝包儿等点心。更有馒头店兼卖江鱼兜子、杂合细粉、灌熬软烂大骨料头、七宝料头。又有粉食店，号卖山药元子、真珠元子、金橘水团、澄粉水团、乳糖槌、拍花糕、糖蜜糕、裹蒸粽子、栗粽、金铤裹蒸茭粽、糖蜜韵果、巧粽、豆团、麻团、糍团及四时糖食点心。及沿岸巷陌盘卖点心：馒头、炊饼及糖蜜酥皮烧饼、夹子、薄脆、油炸从食、诸般糖食油炸、虾鱼划子、常熟糍糕、餶饳瓦铃儿、春饼、芥饼、元子、汤团、水团、蒸糍、粟粽、裹蒸、米食等点心。

二、宋代点心的制作

（一）冬至的特色食品馄饨

馄饨，又称餶饳等。为宋代常见的面食，其制法在唐代基础上又有了进一步的发展。吴氏《中馈录》载："馄饨，白面一斤，盐三钱，和如落索面。更频入水，搜和为饼剂。少顷，操百遍，拗为小块，捍开，绿豆粉为馎，四边要薄，入馅，其皮坚。"可见其制法与现代所作十分相似。在当时，它不仅深受民众的喜爱，而且也获得帝王将相们的青睐。如南宋高宗经常以馄饨为点心，史载有一次厨师因不小心将馄饨烧成半生半熟，高宗一怒之下便将他移交给大理寺狱。

宋代馄饨的品种也较唐代增加。当时的馄饨品种主要有十味馄饨、百味馄饨、丁香馄饨、鹌鹑餶饳等。

百味馄饨（杭帮菜博物馆制作）

百味馄饨，据周密《武林旧事》卷三《冬至》载："都人最重一阳贺冬……三日之内，店肆皆罢市，垂帘饮博，谓之做节。享先则以馄饨，有'冬馄饨、年馎饦'之谚。贵家求奇，一器凡十余色，谓之'百味馄饨'。"这种"百味馄饨"是指一盘或一碗馄饨中有十多种味道，一色当指一味，是南宋都城临安馄饨中的极品。毫无疑义，这种馄饨当是唐代千色馄饨的发展。传说唐代宰相韦巨源为了招待皇帝，根据二十四节气精心研制了有二十四种馅的馄饨，并取名为"千色馄饨"。

椿根馄饨，南宋林洪《山家清供》卷上《椿根馄饨》载有唐代大诗人刘禹锡创制的煮樗根馄饨皮法："立秋前后，谓世多痢及腰痛，取香椿根一大握，捣筛，和面捻馄饨如皂荚子大，清水煮。日空腹服十枚，并无禁忌。山家晨有客至，先供之十数枚，不惟有益，亦可少延早食。椿实而香，樗疏而臭，惟椿根可也。"由此可见，立秋前后人们常发生痢疾和腰痛病，这时可将香椿根捣碎捣烂，过滤后和在小麦粉里，一起捻成如枣子大的馄饨，用清水煮，每天空腹食用十只，即对腹泻、腰痛有治疗效果。宋代的椿根馄饨是唐代樗根馄饨的进一步发展和完善，其制法是用香椿树根磨成粉混合在面粉里制成面皮，包裹肉馅后，在汤锅中煮熟即成。食用时不仅没有樗根的苦涩和臭味，而且还有香椿的鲜香味道和暖胃消食的功效，因此当时非常受人喜欢。

荠菜馄饨：荠菜为一种味美的野菜，在宋代常用作包馄饨的馅子。这种馄炖是以荠菜、猪肉沫为主料，紫菜、葱花等为辅料，加上馄饨皮包制而成。荠菜馄炖身形虽小，但却有皮薄、晶莹剔透、馅足等特点。晁说之《谢蕴文荠菜馄饨》诗赞道："无奈国风怨，荠荼论苦甘。王孙旧肥羜，汤饼亦多惭。"至今这种口味鲜美、营养丰富的馄饨，因其烹饪简单，仍深受民众喜爱。

笋蕨馄饨，《山家清供》卷下载其制法："采笋、蕨嫩者，各用汤焯，以酱、香料、油和匀，作馄饨供。"由此可见，笋蕨馄饨以嫩笋、蕨菜为主料制成，其关键在于取材要鲜嫩爽口。俗话说，尝鲜莫过于春笋，三月不知肉味。春笋最好吃的时节，鲜爽、甘甜、脆嫩，连根部的壳都是脆嫩嫩、水灵灵的。春天的蕨菜，香气浓郁。用品质最佳的春笋上段嫩笋尖部分和蕨的上半段嫩滑部分，入沸水锅焯后，细细切丁，加少量油翻炒至出香，然后以酱、香料、油和炒均匀，盛出放凉。将凉的馅料放在馄饨皮中心包成馄饨，入沸水锅中，水开后煮一下即可食用。不仅鲜香可口，而且还具有清热利湿、疏肝化痰利尿、调畅气机水道等药效。至今，笋蕨馄饨还风行于世。

蝤蛑馄饨，蝤蛑其实就是指青蟹。唐昭宗时期的广州司马刘恂在《岭表录异》描绘蝤蛑："蝤蛑，乃蟹之巨而异者。蟹螯上有细毛如苔，身上八足，蝤蛑则螯无毛。后两小足，薄而阔，俗谓之拨掉子。与蟹有殊，其大如升，南人皆呼为蟹。八月，此物与虎斗，往往夹杀人也。"可见，蟳蛑比蟹大，螯无毛，两小足扁平。蟳蛑的钳子比较厉害，特别是在生长季节，都能与虎格斗，还占上风。唐朝小说家段成式的《酉阳杂俎》中也有提到："蟳蛑，大者长尺余，两螯至强。八月，能与虎斗，虎不如。随大潮退壳，一退一长。"北宋陆佃在《埤雅》也说："蟳蛑，两螯至强，能与虎斗。"大诗人黄庭坚描述说："怒目横行与虎争，寒沙奔火祸胎成。虽为天上三辰次，未免人间五鼎烹。"①宋《宝庆四明志》记载："蟳蛑，并螯十足，生海边泥穴中，潮退探取之，四时常有。雌者掩大而肥，重者逾数斤。其小而黄者，谓之石蟳蛑；最大者曰青蟳，小者曰黄甲。后足阔者，又曰拔掉子。"明代宁波人屠本畯在《闽中海错疏》中也说道："海蟳，蟳蛑也，长尺余，壳黄色青。金蟳色黄，虎蟳文有虎斑。"由此可见，蟳蛑生于海涂，大多色青。所谓"色黄"者，也就是指膏满时的雌蟹，俗称"黄油蟹"。取其青蟹两螯肉做成馄饨的馅子，然后用馄饨皮把馅心包起来，做成蟹肉馄饨。再用蟹壳和蟹黄调制一个浓郁微稠的酸汤，煮熟的馄饨轻轻滑入酸汤中。喝一口，吃一只，清爽酸口。南宋记载宫廷御膳的《玉食批》中就记载了这种高档的奢侈食品："以蟳蛑为签、为馄饨、为枨瓮，止取两螯，余悉弃之地，谓非贵人食。"蟳蛑馄饨保持了原汁原味，味道最为鲜美。

宋代虽有馄饨品种的记载，但馄饨的制法和烧法却不见记载，而这在稍后的元代文献中却有非常详细的记载。《居家必用事类全集》"馄饨皮"详细介绍了馄饨的制作方法：

白面一斤，用盐半两凉水和，如落索状。频入水，搜和如饼剂。停一时再搜，擀为小剂。豆粉为饽，骨鲁搥捍圆，边微薄，入馅，蘸水合缝。下锅时，将汤搅转，逐个下，频洒水，火长要鱼津滚，候熟供。

---

① 黄庭坚：《山谷集》卷一一《秋冬之间，鄂渚绝市无蟹。今日偶得数枚，吐沫相濡乃可悯，笑戏成小诗三首》。

馅子荤素任意。

从这段记述中，其制法大致可以分成四个步骤：（1）做馄饨皮时，将白面一斤、盐半两与凉水和在一起，先搅成小颗粒状，一点点地加水调和成面团。放置约两小时；（2）再和，掐成小面团。扑上豆粉，用擀面杖擀成圆形，边稍微薄一点，加入馅料，馅料可荤可素，蘸水捏合；（3）下锅时，搅动热水，逐个投下，要用大火，但须不时加水，让热水稍稍沸腾。煮熟后捞出。（4）出锅后蘸着醋食用。

（二）元宵美食数汤圆

汤圆，在宋代不仅是著名的元宵食品，而且也是一种常见的点心食品。其名称甚多，除常见的"汤圆""元宵"等外，又称"水团"或"白团"，如陈元靓《岁时广记·造白团》引《岁时杂记》："端五作水团，又名白团，或杂五色人兽花果之状，其精者名滴粉团。或加麝香。又有干团不入水者。"也名浮圆子，如周必大《平园续稿》有"元宵煮浮圆子，前辈似未曾赋此，坐间成四韵"之语，其诗："今夕是何夕，团圆事事同。汤官寻旧味，灶婢诧新功。"

宋代汤圆的品种也不少，见于文献记载的便有五色水团、金橘水团、澄粉水团等名称。这些汤圆一般以糯米粉为原料，如吴氏《中馈录·煮沙团方》载："沙糖入赤豆或绿豆，煮成一团，外以生糯米粉裹作大团蒸。或滚汤内煮亦可。"而有的汤圆则用高粱米粉制成，如陈达叟《本心斋疏食谱》载"水团"制法："秫粉包糖，香汤浴之。"并赞道："团团秫粉，点点蔗霜。浴以沈水，清甘且香。"这里所说的"秫粉"便是高粱米粉，食用时"清甘且香"。

（三）角黍包金，香蒲切玉

粽子名角黍、团粽等，为中国历史文化积淀最深厚的传统食品之一。据高承《事物纪原》卷九引《风土记》《齐谐记》所载，公元前340年，爱国诗人、楚国大夫屈原，面临亡国之痛，于仲夏五月五日，悲愤地怀抱大石投汨罗江而死。楚人哀之，为了不使鱼虾损伤他的躯体，人们每至此日，纷纷用竹筒装黏米，以栗枣灰汁煮熟，投入江中，以祭屈原。以后，为了表示对屈原的崇敬和怀念，每到这一天，人们便用竹筒装米，投江祭奠，这就是我国最早的粽子：筒粽的由来。而粽子"节日啖，取阴阳尚包裹之象"。这种端午食粽的风俗，千百年来，在中国盛行不衰，而且流传到朝鲜、日本及东南亚诸国。

粽子同样为宋代端午节节日食品之一。如陈元靓《岁时广记》卷二一引《岁时杂记》："京师人自五月初一日，家家以团粽、蜀葵、桃柳枝、杏子、林檎、柰于焚香或作香印。"《东京梦华录》卷八《端午》载："端午节物，百索、艾花、银样鼓儿花、花巧画扇、香糖果子、粽子、白团、紫苏、菖蒲、木瓜，并皆茸切，以香药相和，用梅红匣子盛裹。自五月一日及端午前一日，卖桃、柳、葵花、蒲叶、佛道艾。次日家家铺陈于门首，与粽子、五色水团、茶酒供养，又钉艾人于门上，士庶递相宴赏。"

宋代端午粽子名品甚多，形制不一，有角粽、锥粽、茭粽、筒粽、秤锤粽，又有九十粽。而市食粽子则更多，仅《梦粱录》卷一六《荤素从食店》中就载有裹蒸粽子、粟粽、金铤裹蒸茭粽、巧粽等4种。它们多以竹或苇叶等把糯米包住，扎成三角锥或其他形状，煮熟后食用。吴氏《中馈录》记载有制作方法："用糯米淘净，夹枣、栗、柿干、银杏、赤豆，以茭叶或箬叶裹之。又法以艾叶浸米裹，谓之艾香粽子。"这种用果品入粽的"水果粽""蜜饯粽"，在宋代颇为常见，如诗人苏轼就有"时于粽里见杨梅"的诗句。下面择要介绍几种。

历史悠久的筒粽，到了宋代，"市俗置米于新竹筒中蒸食之，谓之装筒。其遗事，亦曰筒粽"（陈元靓《岁时广记》卷二一）。据此可知，

角黍（杭帮菜博物馆制作）

宋代的筒粽是置米于新竹筒中蒸食而成。筒粽在四川又称为糍筒。陆游《初夏》诗中有"白白糍粽美，青青米果新"之句，并自注说："蜀人名粽为糍筒，吴中名粔籹为米果。"

角粽因其形状如尖角，故名。陈元靓《岁时广记》卷二一引《岁时杂记》："端五因古人筒米，而以菰叶裹黏米，名曰角黍，相遗，俗作粽，或加之以枣，或以糖，近年又加松、栗、胡桃、姜、桂、麝香之类，近代多烧艾灰淋汁煮之。其色如金，古词云：'角黍包金，香蒲切玉。'"据此可知，宋代的角粽以粽叶裹糯米，里面或加之以枣，或以糖，或加松子仁、栗子仁、枣子、胡桃、姜桂、麝香之类，且多烧艾灰淋汁煮熟。蒸制而成的粽子，其色如金。

巧粽多见于宫廷。周密《武林旧事》卷三《端午》载：是日，宫中"作糖霜韵果、糖蜜巧粽，极其精巧……巧粽之品不一，至结为楼台舫辂"。由此可见，宋朝粽子的制作技术已经非常成熟精巧。而将粽子堆成楼台亭阁、木车牛马等形状，则说明宋代吃粽子已很时尚了。

宋代文人对粽子多有生动的描述，如苏轼《六幺令·天中节》："粽叶香飘十里，对酒携樽俎。"意思是说：粽子的叶子香气扑鼻，香飘十里，端起酒杯一起对杯喝酒。陆游《乙卯重五》诗："重五山村好，榴花忽已繁。粽包分两髻，艾束著危冠。"意思是说：端午节到了，火红的石榴花开满山村。吃了像两只角的粽子，高冠上插着艾蒿。粽子还用作交往的礼品，欧阳修《渔家傲·五月榴花妖艳烘》词："五月榴花妖艳烘，绿杨带雨垂垂重。五色新丝缠角粽，金盘送，生绡画扇盘双凤。"说五月端午节，人们用五彩的丝线包扎多角形的粽子，煮熟了盛进镀金的盘子里，送给闺中女子。

需要说明的是，1988年9月24日在江西省德安县南宋太平州通判吴畴妻周氏墓的出土文物中发现了两个棱形粽子。这一对粽子，距今已经715年，是目前世界上考古发现最古老的出土实物粽子。而将粽子随葬，可见时人对粽子的喜爱。

（四）香甜糯软的糕

糕是宋代点心小吃中种类较多的食品之一。仅周密《武林旧事》卷六《糕》中就载有糖糕、蜜糕、栗糕、粟糕、麦糕、豆糕、花糕、糍糕、雪糕、小甑糕、蒸糖糕、生糖糕、蜂糖糕、线糕、闲炊糕、干糕、乳糕、社糕、重阳糕等 19 种。此外，林洪《山家清供》中载有蓬糕、大耐糕、广寒糕 3 种；吴氏《中馈录》载有五香糕等，其他见诸文献的尚有酸馅糖糕等。

宋代糕的制作技艺有了新的发展，日趋精美。现择要介绍如下：

广寒糕即桂花糕，这是一种用桂花与米粉和合而蒸制成的糕食。因古人别称月宫为"广寒"，广寒宫中遍植桂花树，故称此糕为"广寒糕"。《山家清供》卷下载其制法："采桂英，去青蒂，洒以甘草水，和米春粉，炊作糕。"中秋时节，争相绽放的桂花馨香浓郁，且具有补脾理肺、帮助消化、化痰止咳、养神的功效。取适量干桂花、糯米粉与少许糖，用甘草水和面，揉成光滑的面团，分成大小均匀的剂子，用压花模具压成喜欢的图案，上锅蒸熟，在表面撒上桂花，增加清香。成糕含有香糯甜软的特色，深受文人士大夫的雅爱。每逢科举考试之时，赴考的士人都以这种糕作为相互馈赠的礼品，讨个"广寒高甲，蟾宫折桂"的口彩。当然对平民百姓来说，这也是很小清新的一道糕点，很适合阖家团圆赏月的时候吃哦！

大耐糕是一种用水果大李子为主料制作而成的糕品。据《山家清供》卷下载，其制法是：大李子"生者，去皮剜核，以白梅、甘草汤焯过，用蜜和松子肉、榄仁（去皮）、核桃肉（去皮）、瓜仁划碎，填之满，入小甑蒸熟．谓耐糕也。"即用大李子生者去皮剜核，以白梅、甘草汤焯过，用蜜和松子肉、橄榄仁、核桃仁、瓜子仁将李子中的空隙填满。然后入小甑蒸熟。大耐糕虽然做法简单，但必须蒸熟后食用，否则易伤脾。传说此糕为向充的先人向敏中（949－1020）所创。他曾在宋真宗时任过宰相，颇受信用，真宗称其居官以节义自守，"大耐官职"。为此向充赋诗说："既知大耐为家学，看取清名自此高。""耐糕"取"大耐官职"之意，"夫天下之士，苟知'耐'之一字，以节义自守，岂事业之不远到哉"！

五香糕是一种以芡实、人参、白术、茯苓、砂仁等五种植物原料合米粉而制成的糕点。因这五种佐料均具有香味的特点，故将此糕命名为"五香糕"。《中馈录》载其制法："上白糯米和粳米二、六分，芡实干一分，人参、白术、茯苓、砂仁总一分。磨极细，筛过。用白沙糖滚汤拌匀，上甑。"五香糕具有养生健身的功效。如芡实可以健脾、涩精；人参有补元气、生津液、治虚脱等功效；白术是中医临床常用到的补益中药，有"南术北参"的美称，具有利尿消肿、固表止汗、燥湿健脾、抗氧化等功效；茯苓可以益脾、安神、利水渗湿等等。又从其制作过程及使用的原料来看，五香糕无疑具有香甜糯软等特点。

蓬糕是一种用鲜嫩白莲和米粉蒸制而成的糕点。《山家清供》卷下记载了蓬糕的做法：把鲜嫩的白蓬煮熟煮烂，去皮取芯切碎细捣，掺和上米粉，加入白糖，然后上锅蒸，闻到香气后就算蒸熟了。在古代民间观念中，蓬草被认为有抵御灾难的作用，所以重阳节食蓬糕，最早是代表了人们驱邪避难的心愿。"世之贵介子弟，但知鹿茸、钟乳为重，而不知食此实大有补益，讵可山食而鄙之哉！"

糍糕为一种用糯米蒸制的食品，是中国一种传统的特色糕点。始于先秦时期，至宋代仍然盛行不衰，有的地方叫红豆糕。庞元英《文昌杂录》卷一载："今岁时人家作饧蜜油煎花果之类，盖亦旧矣。"周密《浩然斋雅谈》卷中："俗以油饧缀糁作饵，名之曰蓼花，取其形似也。放翁诗云：'新蝶饧枝缀红糁。'饧枝两字甚新。"

（五）馓子"压匾佳人缠臂金"

宋代的馓子为一种面制的、环形的油煎食品。流行于全国各地。庄绰《鸡肋编》卷上载："食物中有馓子，又名环饼，或曰即古之寒具也。"据其所述，京师开封食品行业已具有相当的规模，竞争激烈。因此，凡是卖熟食的，都用诡异言语吟叫，这样食品售出才快才多。绍圣中，曾经有一位卖"环饼"的小贩，为了卖饼，也在吆喝上标新立异，他常常不言所卖的是什么食品，只是一个劲的长叹："吃亏的便是我呀！"谓其食品价廉要亏本。当时正巧昭慈皇后被废黜，居住在瑶华宫，而这位小贩每次到瑶华宫前，一定放下挑担叹息着说这句话。开封府衙役听其言观其行，好生怀疑，捕他入狱。经审讯，方知他是为了早点卖出环饼，故意使用这样奇特的言言，并无他意，但语关重大，打了100棍才放出来。有了这皮肉之苦的惨痛教训，此后，这位小贩挑担卖环饼时改口道："待我放下歇一歇吧。"他的遭遇，他的变化，他的与众不同而又有些诙谐的叫卖语言，成为一桩引人发笑的故事，去买他的环饼的市民由此增多了。又，宋代胡仔《渔隐丛话后集》卷二八《东坡三》载：苏轼在海南儋耳做官时，就曾与一做环饼为生的老太太为邻。老太太多次请苏轼为她作首诗，苏轼欣然写来，其《寒具》诗："纤手搓来玉数寻，碧油煎出嫩黄深。夜来春睡无轻重，压匾佳人缠臂金。"此诗以馓子入诗，饶有风趣，生动地反映了馓子的制作方法和其成品的形状与色泽。

（六）饺子、兜子和炒团

宋代饺子称角子或角儿。其品种较多，孟元老《东京梦华录》中有水晶角儿、煎角子等；周密《武林旧事》载有"市罗角儿"等诸色

决明兜子（杭帮菜研究所胡忠英制作）

角儿；等等。此外，宋代话本《快嘴李翠莲记》中提到的"匾食"一词，指的也是饺子。

兜子是用豆粉皮包裹馅心，放在碗盏内，再入笼蒸熟的一种点心食品。据高承《事物纪原》卷八载："兜子，又曰兜笼，巴蜀妇人所用。乾元以来，蕃将多著勋于朝，兜笼易于担负，京师先用车舆，后亦以兜笼代之，即今之兜子。盖其制起于巴蜀，而用于中朝，自唐乾元以来也。"由此可见，兜子原是巴蜀地区流行的一种交通工具，自唐乾元以来开始传入中原地区。在其影响下，大约在五代时，这里的百姓创制了一种类似兜子一样形状的点心食品。王仁兴《中国饮食谈古》一书认为，后周都城汴梁人在农历二月十五日吃的"涅槃兜"和寒食节吃的"冬凌兜"，应是中国最早的兜子。[①]至宋代，兜子这种食品开始在民间流行，

---

① 王仁兴：《中国饮食谈古》，中国轻工业出版社，1985年，第61页。

如《东京梦华录》载北宋都城开封的酒馆食肆里常有"江鱼兜子""四色兜子""决明兜子"等。所谓决明，就是鲍鱼，非寻常人家可以享用。后来山海兜传入南宋宫廷，成为御膳"虾鱼笋蕨羹"。南宋都城临安市肆中也出售这种美食，例如《梦粱录》卷一六《荤素从食店》中就载有一种名叫"江鱼兜子"的点心食品。

山海兜是《山家清供》中记载的一种由薄皮加馅料组合成的饼食，其外皮是半透且略微弹牙的绿豆粉皮，馅料用的是山野间最嫩的春笋、蕨菜和河海中最鲜的鱼虾，山海二者食鲜一网打尽，荤素搭配，故名。制作时通通切成小粒状，焯水，个别生肉还会事先弄熟才入馅，并加麻油、食盐、酱油、葱、姜、椒调咸淡。包制时，需借助小盏来定型，粉皮先铺在小盏内，放入拌好的馅料，将粉皮的四角向中心翻折，封好馅料。由于盏心是圆凹状，倒扣过来的兜子会呈现底部平、上部圆拱的包子形。急火蒸熟后倒扣，便成"兜子"。可以说，玲珑剔透的饼皮里，兜着山风和海潮，兜着山南海北的盎然春意。

炒团是一种利用炒米粉制成的团子。庄绰《鸡肋编》卷上载："天长县炒米为粉，和以为团。有大数升者，以胭脂染成花草之状，谓之炒团，而反以炒团为讳，想必有说，特未知耳。"

美味佳肴
MEIWEI JIAYAO

宋代的菜肴

　　宋代饮食原料的来源进一步扩大，在类别上更趋丰富。人们发明创造了很多食品，如豆芽作为蔬菜食用始于宋朝，著名的火腿也是出现于这一时期，火锅的最早记载也同样出现在宋代。菜肴的种类甚多，大致上可以划分为肉禽类菜肴、水产类菜肴、蔬菜类菜肴、羹类菜肴、腌腊类菜肴五大类。

一、肉禽类菜肴

　　宋代肉禽类菜肴又可细分为羊肉、鸡肉、猪肉、鹅鸭肉、牛肉、马肉、驴肉、狗肉、野禽肉等类菜肴。

（一）御厨止用羊肉

　　羊肉被宋人视为贵重食品，用作食疗、食补，极受推崇，成为了各阶各级餐桌上的主流肉类。如周煇《清波杂志》卷九《猫食》说："盖西北品味，止以羊为贵。"唐慎微《重修政和经史证类备用本草》卷一七《羖羊角》载："羊肉，味甘，大热，无毒。主缓中，字乳余疾，及头脑大风汗出，虚劳寒冷，补中益气，安心止惊。"这种观念在宋人著述中颇为常见，如朱彧《萍洲可谈》卷二称乳羊肉大补赢；范成大《桂海虞衡志·志兽·乳羊》则称英州"出仙茅，羊食茅，举体悉化为肪，不复有血肉，食之宜人"。有鉴于此，人们普遍流行食用羊肉补身，如同今日的甲鱼，以至在举行订婚大礼时，亦将羊列为必备的礼品之一。

　　宋朝最喜欢吃羊肉的是上层的统治者。宋朝宫廷规定"饮食不贵异味，御厨止用羊肉"（李焘《续资治通鉴长编》卷四八〇），这句话足以说明"羊肉"是赵氏皇室们的心头好，食材不在于珍贵稀奇，御厨做饭有羊肉就万事足了。以帝王来说，太祖时期，一次宴会就需"尊酒十石，御膳羊百口"（《宋史》卷二四九《魏仁浦传》）。到了真宗时期，亦不趋多让，"御厨岁费羊数万口"（李焘《续资治通鉴长编》卷五三）。到了这时候，单皇室来说，羊肉已经成为了主要肉食，其消耗量甚至超过猪肉，这点从《宋会要辑稿》方域四《御厨》的记载中就可以清楚地看出来：神宗熙宁十年（1077）时，御膳岁耗"羊肉四十三万四千四百六十三斤四两，常支羊羔儿一十九只，猪肉四千一百三十一斤，猪、羊头蹄等只副不具"。宋仁宗皇帝更是喜爱吃羊，《宋史·仁宗本纪》说仁宗皇帝某日清晨起床，在和近臣聊天时提到："昨天晚上我睡不着，辗转无眠，加上肚子又饿了，好想吃烤羊肉。"侍臣就询问："陛下何不降旨下去命御厨去做呢？"宋仁宗回答："我听说最近宫内但凡兴起什么，宫外就跟着效仿。我害怕今天夜里吃了烤羊肉，底下人就会做好皇帝天天夜里都要吃烤羊肉的准备。年深月久，杀羊无数。岂能为了自己一时的口舌之欲而开启无穷的杀戮呢？"仁宗说完，左右人

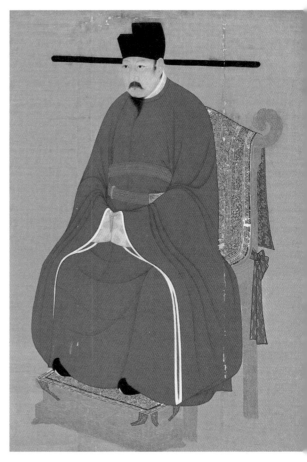

宋仁宗像

等皆呼万岁，有人感动得涕泪横流。史臣记载这件事，主要是在说仁宗为了避免开了恶例劳累御厨，宁可自己忍受饥渴，属实难得。实际上，宋仁宗这位吃惯山珍海味的皇帝，他在任期间，"日宰二百八十羊"。

　　除皇室外，士大夫们也是羊肉的"忠实粉丝"。这其中最主要的代表便是大文豪苏东坡了。提起"东坡居士"苏轼，人们一般第一反应便是"东坡肉"。但实际上，他十分喜爱羊肉。曾言："平生嗜羊炙，识味肯轻饱。"（《正月九日有美堂饮醉归径睡五鼓方醒不复能眠起阅文书得鲜于子骏所寄古意作杂兴一首答之》）史载他被贬官惠州时，曾写信给弟弟苏辙，讲了他在惠州吃羊肉的趣事：当时惠州市井寥落，商家每天仅杀一只羊就可满足市民的需要。但市场商品的匮乏并没有降低苏东坡对羊肉的追求，囊中羞涩的他不敢也没钱和当地官员抢着买羊头，就只得向屠者买些没人看得上的羊骨头和碎肉。然后，作为一个上得厅堂、下得厨房的资深美食家，苏东坡拿着那一段羊脊骨，果真又倒腾出了花样："熟煮热漉出，不乘热出，则漉水不干。渍酒中，占薄盐炙微焦食之。终日抉剔，得铢两于肯綮之间，意甚喜之，如食蟹螯。率数日辄一食，甚觉有补。"即先将羊脊骨煮透，再淋上酒，撒上盐，放到火上烘烤。待烤至骨肉微焦，便可享受一点点剔骨缝里的肉的乐趣。（《与子由弟书》）后来，依据苏轼的这道私房菜的做法，流行在北方街头巷尾的那道美食"羊蝎子"便诞生了！又，《东坡志林》卷八载："烂蒸同州羔，灌以杏酪。食之以匕，不以箸。"羊肉蒸的烂熟，然后再加上牛奶，用刀子片着吃。这熟练的程度，一看就是个食羊的老客。以至南宋陆游的《老学庵笔记》卷八提到这样一句民谣："苏文熟，吃羊肉；苏文生，吃菜羹"，这句话的意思是指熟练掌握苏轼文章的人可以做官，然后吃羊肉，反之就喝菜羹吧！由此可以看出宋朝人民的理想也是非常接地气，非常现实，就是为了享受美肥的羊肉。

　　在宋朝，不止皇族大夫等上层阶级，往下数的升斗小民、贩夫走

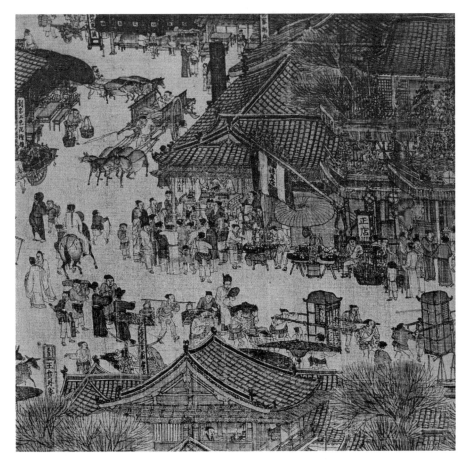

《清明上河图》中的孙羊正店

卒也是极度喜爱羊肉的。据统计，记载北宋东京市民生活的《东京梦华录》中，出现的荤菜共有183道，而羊肉菜肴所占比例足足要占到百分之三十六！[①] 宋朝是个缺羊的国家，羊肉的产量较低，因此价格较高。据洪迈《夷坚丁志》卷一七《三鸦镇》所载，宋高宗绍兴末年，"吴

[①]　一壶浊酒一根烟：《食羊肉，逛樊楼，宋朝何以称为美食的国都》，https://view.inews.qq.com/k/20210106A0A4IN00?web_channel=wap&openApp=false&f=newdc，2021年1月6日访问。

中羊价绝高,肉一斤,为钱九百"。一斤羊肉要九百文钱,而当时县尉(相当于当今县级的公安局局长)每月才拿7700文工资(参见《宋史》卷一七一《俸禄制上》),即一个月的薪水只能买八斤多羊肉。有鉴于此,高公泗曾因为感慨"羊肉价格贵"写了一首《吴中羊肉价高有感》诗,其中一句是"平江九百一斤羊,俸薄如何敢买尝"。一个拿着俸禄的官吏都吃不起,就更不用说寻常老百姓了。因此,能吃得起羊肉的都是贵族、富商。正因为缺羊,所以把羊加工成食品的时候非常珍惜,唯恐暴殄天物,羊髓、羊肺、羊心、羊肾、羊骨等羊下水也被宋人充分利用,并发明出许多令人意想不到的烹饪手法。据《东京梦华录》《梦粱录》等书所载,宋代以羊为主要原料制成的菜肴有:排炽羊、入炉羊、羊荷包、炊羊、炮羊、虚汁垂丝羊头、羊头签、羊脚子、点羊头、煎单白肠、羊杂碎、煎羊、羊舌签、浑羊羧、蒸软羊、鼎煮羊、羊四软,酒蒸羊、绣吹羊、五味杏酪羊、千里羊、羊杂焐、羊头元鱼、羊蹄笋、细抹羊生脍、改汁羊撺粉、细点羊头、鹅排吹羊大骨、大片半粉、红羊犯、元羊蹄、米脯羊、五辣醋羊、羊血、入炉炕羊、糟羊蹄、熟羊、盏蒸羊、羊炙焦、剪羊事件、羊血粉、山煮羊等,林林总总40余种。而从上述羊肉菜肴的烹饪手法来看,有炸、熘、炒、爆、炖、煮、蜜、冻等30余种手法,真乃是肉食者的福音。

羊肉制法虽多,但以烤制最为香美。历史悠久的成语"脍炙人口",便是说到有两种菜的做法,即脍与炙。脍是生鱼片,炙即是烤肉。炙字,上面是一块肉,下面是火烧着,故羊肉最为香美的吃法是烤着吃。如上述,宋仁宗就十分喜欢吃细嫩可口、香浓不腻的烤羊肉。南宋胡铨《经筵玉音问答》记载隆兴元年(1163)五月三日晚宫中侍宴时提到:"予亦被赐一杯,食两味胡椒醋羊头真珠粉及炕羊炮饭。上谓予曰:'炕羊甚美。'"这里的"上",即是宋孝宗。以下介绍几种宋代比较有特色的羊肉菜肴。

〔宋〕陈居中《四羊图》

羊肉旋鲊，据蔡绦《铁围山丛谈》卷六所载，开宝末年，吴越国国王钱俶来东京开封朝拜宋太祖赵匡胤。赵匡胤非常高兴，他心想这小老弟终于来了，一定要让他感受一下啥叫君恩浩荡，于是他吩咐太官："钱王是浙人，你让御厨专门给他烹饪一二道南方的美食吧，好好招待他一下。"于是太官仓促受命，略一思索，让御厨做一道南方比较常见的腌制食品。打定主意的他，取来了肥羊肉，将其抹上调料，用一晚上的时间将其腌制好，取名为"旋鲊"。结果第二天，这道将羊肉煮熟之后捣碎而制成的"旋鲊"菜肴呈献到宴席上后，大家蘸着佐料而吃，食后，一致称好，以至于此后的皇家大宴上"首荐是味，为本朝故事"。

山煮羊的制法，在《山家清供》卷下中有载："羊作脔，置砂锅内，除葱、椒外，有一秘法：只用槌真杏仁数枚，活水煮之，至骨糜烂。"

〔明〕仇英《清明上河图》中北宋东京街头的"猪羊宰杀店"

即把羊肉洗净，放进砂锅。配料除了葱、椒之外，放几枚捣碎的杏仁，这样不仅可以使羊肉煮烂，而且其骨头也会酥烂在汤里，绝对是冬时令的滋补佳品！

"羊舌签"就是将羊舌裹上蛋清、面粉、猪网油后，放入油锅煎炸，或者放入火上炙烤、蒸煮而成的一道佳肴。"签"在古时解释为"簇笼"，即一种圆筒状包裹馅料、像筷子的食品。宋代单单一个"签菜"，就可以列出羊舌签、肫掌签、蝤蛑签等一系列菜品。洪巽《旸谷漫录》中记载了当时发生的一个宴会："厨娘请食品、菜品资次，守书以示之，食品第一为羊头金,菜品第一为葱齑。"这里的"羊头金"就是"羊头签"。

宋朝人也吃生羊肉,但其吃法远比唐代要先进。根据《唐语林》记载,唐代确实有一种有馅的胡饼,名叫"古楼子",在当时非常受到达官贵人的青睐,为豪门盛宴中一道必不可少的佳肴。其做法是:切一斤羊肉,片成薄片,分层放置在胡饼中,其中撒上胡椒、豆豉,再涂上酥油,放进炉子烤,等羊肉烤到半熟的时候就能吃了。很明显,面饼是熟的,里面的羊肉却是半生的,所以这道小吃充其量是烧饼夹生肉,即是在一斤半生不熟、膻气十足的羊肉中间裹上椒豉和酥油。到了宋朝,这种羊肉馅的大馅饼被改良了,片开羊肉以后,先蒸熟,然后再夹到面饼里面烤,最后吃到嘴里的是熟羊肉,既美味又健康。

(二)白酒初熟,黄鸡正肥

鸡肉在肉类中的地位要次于羊肉,据《梦粱录》《西湖老人繁胜录》等文献记载,菜肴有麻饮小鸡头、汁小鸡、小鸡元鱼羹、小鸡二色莲子羹、小鸡假花红清羹、揎小鸡、燠小鸡、五味炙小鸡、小鸡假炙鸭、红熬小鸡、脯小鸡、冻鸡、炙鸡、八焙鸡、红熬鸡、脯鸡、大小鸡羹、焙鸡、煎小鸡、豉汁鸡、炒鸡、白炸鸡、炕鸡、鸡丝签、锦鸡签、白炸鸡、

〔宋〕佚名《子母鸡图》

八糙鸡、鸡夺真、蒸鸡、韭黄鸡子、鸡元鱼、鸡脆丝、笋鸡鹅、奈香新法鸡、酒蒸鸡、炒鸡蕈、五味焙鸡等30多种。

黄金鸡的制作方法，在《山家清供》卷上中有载："燖鸡净洗，用麻油、盐，水煮，入葱、椒。候熟，擘钉，以元汁别供，或荐以酒，则'白酒初熟，黄鸡正肥'之乐得矣。有如新法川炒等制，非山家不屑为，恐非真味也。"即将整只鸡治净，浸入麻油、盐、葱段和花椒，然后放在水里煮熟。凉后斩件，配酒上桌。加热后的鸡皮会从粉红转为金黄油亮，火候得宜的话，肉质嫩滑，鸡的鲜香味很足，类似广式白斩鸡。宋代饮食界常见的鸡馔是酒蒸鸡、五味焙鸡、川法炒鸡，均以浓酒厚酱辛香料烹成重口味，而林洪最爱黄金鸡，认为原汁原味才是吃鸡的最高境界。

炉焙鸡为宋代比较有特色的鸡肉类菜肴之一，其制法在《中馈录》中有载："用鸡一只，水煮八分熟，剁作小块；锅内放油少许，烧热，放鸡在内略炒，以镟子或碗盖定；烧及熟，酒醋相半、入盐少许烹之。候干，再烹。如此数次，候十分酥熟，取用。"

（三）猪肉："富者不肯吃，贫者不解煮"

宋代沿袭唐代习俗，认为猪肉是"贱肉"。宋太祖赵匡胤就曾下令，猪肉不能进皇宫。但猪肉因其价廉物美，在宋代深受平民百姓的喜爱。其菜肴有烧肉、煎肉、煎肝、冻肉、杂熬蹄爪事件、红白熬肉等数十种。

东坡肉相传为苏轼创制。苏轼喜欢吃猪肉，在他的诗及致友人信中多次说到自己是"午餐便一肉""每日一餐烧猪肉""食猪肉，实美而真饱"，常以烧猪肉佐酒。宋代周紫芝《竹坡诗话》记载：苏轼喜食猪肉。佛印和尚住江苏镇山时，每烧猪肉以待其来。一日为人窃食，苏轼戏作小诗云："远公沽酒饮陶渊，佛印烧猪待子瞻。采得百花成蜜后，不知辛苦为谁甜。"又，苏轼《仇池笔记》记载，他贬至僻陋之地黄

东坡肉（杭帮菜博物馆制作）

苏轼像

州做官时，在当地举目无亲，房无一间、地无一垄，一家的吃喝都成了问题。虽然这里的生活环境恶劣，但猪、獐、鹿等肉食动物遍地都是，非常普遍，不值钱；鱼蟹、稻米、薪炭同样不值钱，价贱。为此，面临窘境的苏轼惊喜不已，天天以猪肉为肴。在食肉的过程中，乐天派的他逐渐掌握了烧肉炖肉的经验，即："净洗锅，少著水，柴头罨焰烟不起。待它自熟莫催它，火候足时它自美。

黄州好猪肉，价贱如泥土。富者不肯吃，贫者不解煮。早晨起来打两碗，饱得自家君莫管。"（《苏轼文集》卷二〇《猪肉颂》）四川人称"慢着火，少着水，火候足时他自美"为"东坡烧肉十三字诀"，黄州至今民间还流传着"大火煮粥，小火炖肉"的民谚。

古人食猪头肉的历史颇为悠久，北魏时的《齐民要术》上就介绍过蒸猪头的方法："取生猪头，去其骨。煮一沸，刀细切，水中治之。以清酒、盐、肉蒸。皆口调和（调味适当）。熟以干姜、椒著上食之。"到宋代，猪头肉的烹制已经达到了很高的水平。惠洪《冷斋夜话》卷二《僧赋蒸豚诗》记载了这样一个故事：宋朝初年大将王全斌[1]率兵平定四川后，有一天他在捕捉散寇的过程中，与部队走散。当时他肚子已经非

———————

[1] 王全斌（908—976），字全斌，并州太原（今山西太原）人。五代至北宋初年将领。

常饥饿，于是到一个村寺中找食吃。进入寺院，只见主僧醉酒，箕踞。王全斌见后大怒，想要斩杀他，但主僧沉着应对，丝毫不怕，王全斌有点惊奇，于是放过了他，并问主僧有没有蔬食，主僧回答说："寺里只有猪肉，没有蔬菜。"王全斌听后又感到不解。主僧馈之以蒸猪头，王全斌吃后觉得味道非常好。王全斌很高兴，问主僧："您只能饮酒食肉吗？还有其他本事吗？"僧人自言会做诗，于是王全斌令其赋食蒸豚诗，主僧援笔立成，诗曰："嘴长毛短浅含臕，久向山中食药苗。蒸处已将蕉叶裹，熟时兼用杏浆浇。红鲜雅称金盘钉，软熟真堪玉箸挑。若把膻根来比并，膻根只合吃藤条。"从这位主僧的诗中可以看出，此猪长期吃有药的野嫩草。蒸猪肉的方法是：先把猪头洗净刮光，去骨，以盐、姜等调料抹其四周，用芭蕉叶子裹住，入笼猛火蒸一二小时，待熟后再用杏子酱将其浇透。这样制成的猪头肉，成品保持酥烂脱骨而不失其形，用筷子一戳就烂，肉质酥烂，肥而不腻，入口先甜后咸，既色泽红鲜悦目，又香味浓郁，可以说是色、香、味、形俱全，非羊肉可比。现今黄州有酱汁猪头肉，其作法与前说略同。

　　宋代饮食中也有不少利用猪下水制作的美食。如《东京梦华录》《梦粱录》《武林旧事》等书记载，两宋京城中市肆食店中出售的"猪肚""猪脏""猪胰胡饼""灌肺"（猪肺做的）"肝脏夹子"（猪肝做的），都是猪下水。此外，《奉亲养老书》所载的"猪肝羹方""猪肾羹方""猪肾粥方""酿猪肚方"，都是教人用猪肝、猪肾、猪肚炖汤做菜的食谱。北宋周辉《清波杂志》里还写到一个陕西官员用猪肠子炒菜。绍兴二十一年（1151），宋高宗去清河郡王张俊府上做客，张府的厨子大显身手，做出三十道下酒菜，其中有一道是猪下水，即猪肚假江珧。这是一道象形菜，就是用猪肚做出江珧柱的外形和味道。由此可见，宋朝人烹制猪下水的方法较多，仅猪腰子一项就有焙腰子、盐酒腰子、脂蒸腰子、酿腰子、荔枝腰子、腰子假炒肺等许多品目。

　　宋人孟元老《东京梦华录》中详细记录了北宋都城东京夜市中食物的丰富，其中冬天夜市上流行一种美食，名叫"旋炙猪皮肉"，就是将猪皮肉放在小炭火上反复地翻滚烤制，猪皮肉肥腻，一烤肥油就冒到皮上，异常香脆。此道美食既能让人尝到烤肉的美味，还有嚼劲，可以说口味香美。

　　宋朝人有时候还生吃猪肉，其法是跟吃鱼生一样，剔骨去皮，切片切丝，然后搁滚水里氽一氽，捞出来，过几遍凉水，蘸椒盐吃。有些宋朝人口味独特，不蘸椒盐，而蘸蜂蜜，吃得津津有味。

东坡扣肉

（四）巧为庖馔的牛肉

牛肉类菜肴，见于记载的有牛脯、煮牛肉等。洪迈《夷坚支丁》卷三《郑行婆》中对其烹制方法有所披露，根据这则故事载，合州城内有一名叫郑行婆的人，自幼不饮酒、不吃荤，只是默诵《金刚经》，未尝少辍。绍兴年间的有一年春天，她因往报恩光孝寺听悟长老说法，中间路过屠夫的家门，只见屠夫在切割牛肉，她遂对同行的人戏语说："以此肉切生，用盐醋浇泼，想见甘美。"又，《湖海新闻夷坚续志》前集卷二《戒食牛肉》载："秀州青龙镇盛肇，凡百筵会，必杀牛取肉，巧为庖馔，恣唼为乐。"

绍兴二十一年（1151），宋高宗去清河郡王张俊府上做客，张府的厨子大显身手，做出三十道下酒菜，其中三道是牛下水，即：（1）"肚胘"是牛的板肚，煮熟，切丝，用猪网油卷成签筒的形状，然后挂浆油炸，即成"肚胘签"。（2）"萌芽肚"是牛的毛肚，俗称"百叶"。将百叶煮熟切丝，也用猪网油卷炸，就成了"萌芽肚签"。为什么要叫

〔宋〕佚名《柳荫归牧图》

〔宋〕李迪《雪中归牧图》

它"萌芽肚"呢？这是因为毛肚上有很多小突起，好像发了芽。（3）"鸳鸯炸肚"是用牛胃做的，是将板肚和毛肚改刀后一起爆炒。

（五）士大夫恣啖野味

以飞禽走兽制成的野味亦非常丰富，菜谱中常见的有清撺鹌子、红熬鸠子、八糙鹌子、蜜炙鹌子、鸠子、黄雀、酿黄雀、煎黄雀、辣熬野味、清供野味、野味假炙、野味鸭盘兔糊、熬野味、清撺鹿肉、黄羊、獐肉、润熬菏肉炙、獐耙、鹿脯等 20 种左右。

鹿与羊一样，同样被宋人视作食补的佳品。除鹿茸用作药品外，宋人还往往食用鹿肉和鹿血等。苏颂《本草图经》卷一三《兽禽部·鹿茸》载："近世有服鹿血酒，云得于射生者，因采捕入山失道，数日饥渴，将委顿，惟获一生鹿，刺血数升饮之，饥渴顿除。及归，遂觉血气充盛异常。人有效其服饵，刺鹿头角间血，酒和饮之，更佳。其肉自九月以后，正月以前，宜食。他月不可食。"又，周煇《清波杂志》卷三载："士大夫求恣嗜欲，有养巨鹿，日刺其血，和酒以饮，其残物命如此。"而元代陆友仁《吴中旧事》则载：秦桧妻弟王晙，"每刺鹿血热酒中饮之，以求补益。未几，疽发于胁而死"。

拨霞供是南宋时流传于江南地区的一道以兔肉为主料的风味菜肴。野兔肉被宋人视为上等的名贵食品，如苏颂《本草图经》卷一三《兽禽部》载："兔，旧不著所出州土，今处处有之。为食品之上味……肉补中益气。然性冷，多食损元气，不可合鸡肉食之。"在宋代以前，它多被制成兔羹、兔酱、兔脯等食用；至南宋时，人们又创制了"涮"的烹调方法。据林洪《山家清供》卷上载：从前去武夷六曲游览，拜访止止师。正好遇上下雪天，在路上获得一只野兔，但没有厨师烹制。止止师说：按我们山里的吃法，是将兔肉薄批成片，用酒、酱、花椒浸润一下。然后将风炉安放到桌上，烧上半锅水，等水开一滚之后，

〔宋〕崔白《双喜图》

再将筷子分给每个人,让他们自己箸夹兔肉浸到滚水中摆动汆熟,吃时按每个人的口味蘸佐料汁。于是,我们就按止止师说的这个方法做了。食后,大家都觉得这个方法不但简便易行,而且还营造了一个团聚欢快的气氛。回京以后,大家又将这种食法扩展到猪肉、羊肉。有学者认为,后世盛行的"涮羊肉"当渊源于此。

鸳鸯炙在唐代名医咎殷《食医心鉴》中有载,为一种烧烤美食:用鸳鸯一只,烤得特别熟,然后细切一下,蘸五辣醋吃,认为能"治五痔瘘疮"。至宋代,鸳鸯炙也是一道风味特色菜,林洪在吴郡芦区钱春塘唐舜举家曾进食过此菜。鸳鸯,属雁行目鸭科,别名匹鸟。栖息于溪流、沼泽、湖泊、水田、丘山的河川等处,其肉多被人们用作食疗。如《本草纲目》卷四七《鸳鸯》载:"清酒炙食,治瘘疮;作羹臛食之,令人肥丽。夫妇不和者,私与食之,即相爱怜。"鸳鸯炙,即为其中的一种烹制方法。据《山家清供》卷下载,其法为:"熁,以油燖,下酒、酱、香料,燠熟。"即将获得的鸳鸯褪净毛后,用油炙烤,然后加上酒、酱、香料,温火烧熟。这种方法制成的鸳鸯,很适合人们在酒兴之后食用。正像一首诗中所说的:"盘中一箸休嫌瘦,如骨相思定不肥。"其风味并不比锦带鸡差多少。

黄雀鲊由黄雀烹饪而成,是宋代的江南名菜,与鹅掌鲊齐名。雀肉被宋人视为大补之物,食用十分普遍。如苏颂《本草图经》卷一三《兽禽部》载:"雀,旧不著所出州土,今处处有之。其肉大温,食之益阳,冬月者良。"宋代有蜜炙黄雀、酿黄雀、煎黄雀、黄雀鲊等多种雀馔,其中尤以黄雀鲊或黄雀肫最为名贵,被时人称珍并一度成为贡品。如苏辙《筠州二咏》其二《黄雀》诗:"秋风下,黄雀飞。禾田熟,黄雀肥。群飞蔽空日色薄,逡巡百顷禾为稀,翩翻巧捷多且微。精丸妙缴举辄违,乘时席势不可挥。一朝风雨寒霏霏,肉多翅重天时非,农夫举网惊合围。悬颈系足肤无衣,百个同缶仍相依,头颅万里行不归。北方居人厌羔豨,咀嚼聊发一笑欤。"黄庭坚《谢张泰伯惠黄雀鲊》诗："去家十二年，黄雀悭下箸。笑开张侯盘，汤饼始有助。蜀王煎鼋法，醢以羊彘兔。麦饼薄于纸，含浆和咸酢。秋霜落场谷，一一挟茧絮。飞飞蒿艾间，入网辄万数。烹煎宜老稚，罂缶烦爱护。南包解京师，至尊所珍御。玉盘登百十，睥睨轻桂蠹。五侯哕豢豹，见谓美无度。濒河饭食浆，瓜菹已佳茹。谁言风沙中，乡味入供具。坐令亲馈甘，更使客得与。蒲阴虽穷僻，勉作三年住。愿公且安乐，分寄尚能屡。"据此诗所说，雀鸟用来制鲊为美食，张公从蒲阴送来这种鲊，让他大为高兴。他又说，若送往京师，帝王也会视之为珍品。另据袁文《瓮牖闲评》卷六、周辉《清波杂志》卷五等载：北宋末年徽宗朝，大奸臣蔡京做太师，他是个喜欢吃黄雀鲊的主，"四方馈遗皆充牣其家，入上方者才十一"。有一天蔡京在家中宴客，酒酣，蔡京对库吏说："取江西官员所送咸豉来。"库吏取了十瓶黄雀胹进来，客人分食。蔡京问库吏还有多少库存，库吏回答说"还有八十多瓶"。蔡京倒台后，有人去他家抄家，结果发现，他家三间大房子里堆满全是黄雀鲊的瓦罐，从地上堆到屋顶，三辈子也吃不完。要知道黄雀体积很小，腌制后更小，一个罐子里都能放不少。粗略一算，就算蔡京每天吃上 20 只，都够他吃几辈子的。除蔡京外，奸臣王黼也喜欢吃黄雀鲊，家里的黄雀鲊也不少，"自地积至栋，凡满三楹"（此事又见《曲洧旧闻》卷八、《齐东野语》卷一六《多藏之戒》）。由此看这些贪官吃黄雀鲊，绝不是吃点心，而是要吃气派、吃权势。关于黄雀鲊制作方法，南宋大诗人杨万里在一首名为《李圣俞郎中求吾家江西黄雀醢法，戏作醢经遗之》的诗中，用诗句描述黄雀鲊的制法，颇为风趣。他在诗中这样介绍黄雀鲊的制法："解衣戏入玉壶底，壶中别是一乾坤。水精盐山两岐麦，身在椒兰众香国。玉条脱下澡凝脂，金叵罗中酌琼液。平生学仙不学禅，刳心洗髓糟床边。"从中可以看出，宋代江西制作黄雀鲊的方法大致是这样的：把黄雀整治干净，纳入壶、

罐当中，再加入花椒、盐和麦粒等调味料，最后倒入酒进行浸泡。《中馈录》记载更详，其家做黄雀鲊的家传秘笈是："每只治净，用酒洗，拭干，不犯水（不要沾水，沾了水淹的时候容易坏）。用麦黄、红曲、盐、椒、葱丝，尝味和（味道适口）为止。却将雀入匾坛内，铺一层，上料一层，装实。以箬叶（即箬竹叶，也常用来包粽子，俗称"粽叶"）盖，篾片扦定（竹片作十字交叉，从顶端固定）。候卤出，倾去，加酒浸，密封。久用（过段时间，就可以吃了）。"食用时取出黄雀，用绍酒洗净附着的糟粕，晾干后，上笼蒸熟即可。此菜无论干炸或蒸制，皆具有鲊菜特有的风味，鲜美适口，香味浓郁，回味久长，佐酒下饭均宜。此后，在元明清历代烹饪著述中，对黄雀鲊的制作方法均有详细记载，使之流传数百年而久盛不衰。

　　蛙肉是宋人喜爱的野味之一。蛙，民间俗称虾蟆、田鸡、石撞等。朱彧《萍洲可谈》卷二载福建、浙江、湖南、四川、广东等地的南方

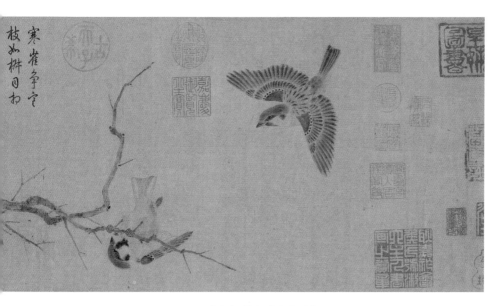

〔宋〕崔白《寒雀图》

人喜欢吃蛙肉，由此遭到了来自中原地区的人讥笑。而在南方地区，尤以杭州人食蛙最为知名。据彭乘《墨客挥犀》记载，沈文通在杭州为官时，以蛙能食庄稼中的害虫，严禁大家捕杀，但从此蛙也不复生。等到文通离开杭州，当地人又像过去一样食蛙了，而蛙的繁殖反而愈加旺盛。以致有人认为，这是天生是物给人吃的。南宋时，宋高宗亦曾申严禁止，但都人实在喜欢吃蛙肉，其风无法刹住。有一些不法商人，甚至将冬瓜剖开，将蛙肉放到里面，然后送到食蛙者的家中，时称为"送冬瓜"（宋代叶绍翁《四朝闻见录》丙集《田鸡》、赵葵《行营杂录》）。由于市场的需求量较大，因此一些城郊的市民以捕蛙为业，获利颇丰，"所获视常时十倍"。成都人同样最看重田鸡虾蟆，市间以为珍品珍味。每年夏天，山里人夜持火炬，入深溪或洞间，捕捉大虾蟆，称其为"风蛤"。用各种佐料和酒炙之，称"炙蟾"。亲朋好友更相馈送。据张世南《游宦纪闻》卷二所载，他也"尝染鼎其味，乃巨石撞耳"。由此可知，食蛙肉乃是南人普遍之嗜好。时人见有利可图，遂开始食用蛙的人工养殖。鲁应龙《闲窗括异志》便载：

陈宏泰家富于财，有人假贷钱一万，宏泰征之甚急。其人曰："请无虑，吾先养虾蟆万余头，鬻之足以奉偿。"泰闻之恻然，已其偿，仍别与钱十千，令悉放之江中。

个人能够养殖万余头可供食用的青蛙，说明其时的青蛙养殖技术已经非常成熟，并具备了一定的生产规模。

宋代牛尾狸已引起饮界的高度重视，人们把它当作山珍美味肉食，成为餐桌上的美味名菜。牛尾狸，又名果子狸、玉面狸、林狸，形似狸猫，毛皮呈淡黄或灰棕色，鼻和眼部有白斑，尾似牛尾，身有豹纹，栖息山中，以食山林中的百果为主，尤其性喜食柿，故俗名柿狸。生活于我国南方山林间。斑纹如虎色者最佳，如山猫者次之。每当林中的果实到秋天成熟而肥美时，狸子于是吃得饱饱的，故此到冬季时，它身上的毛光滑润泽，身子非常圆润饱满和肥硕，肉质细嫩，有异香，味道非常的鲜美可口。明代著名医学家李时珍《本草纲目·兽二·狸》说："狸有数种……南方有白面而尾似牛者，为牛尾狸，亦曰玉面狸，专上树木食百果，冬月极肥，人多糟为珍品，大能醒酒。"捕获后，将狸皮剥去，剖腹取肠脏，用纸揩干净，再用清酒洗肠脏，然后挂于风口处，待肉自然风干，以利长期贮存。食用时，需以淘米水久浸，既能软化肉质，又能排除血腥。烹煮时调料适量，食时香气扑鼻。宋代文人提及山海之珍，总少不了果子狸的一席之地，如曾几《食牛尾狸》诗就说："生不能令鼠穴空，但为牛后亦何动。不如醉卧糟丘底，犹得声名异味中。"北宋某一年隆冬时节，大雪纷飞，赋闲在黄州东坡雪堂的苏轼，亲自下厨烧制猎人送给他的牛尾狸，饮酒赏雪，觉得味道极佳，于是，他派人便送给好友黄州知州徐君猷一只，并赋诗《送牛尾狸与徐使君》一首，诗曰："风卷飞花自入帷，一樽遥想破愁眉。

泥深厌听鸡头鹘（蜀人谓泥滑滑为鸡头鹘），酒浅欣尝牛尾狸。通印子鱼犹带骨，披绵黄雀漫多脂，殷勤送去烦纤手，为我磨刀削玉肌。"其弟苏辙《筠州二咏》其一《牛尾狸》诗："首如狸，尾如牛，攀条捷险如猱猴。橘柚为浆栗为粮，筋肉不足惟膏油。深居简出善自谋，寻踪发窟并执囚，蓄租分散身为羞。松薪瓦甑炊浮浮，压入糟盎肥欲流，熊肪羊酪真比俦。引箸将举讯何尤，无功窃食人所仇。"①南宋时，食果子狸的风气犹盛。宋高宗赵构有一回问大臣汪藻，他家乡有什么美味，汪藻引了梅尧臣的一句诗"沙地马蹄鳖，雪天牛尾狸"，这"雪天牛尾狸"便是指严冬下雪天捕捉的果子狸，因这道徽菜是用红烧方法烹制的，故又称"红烧果子狸"。

蛇肉为南人喜爱的野味之一，在广南地区更是如此。朱彧《萍洲可谈》卷二载有这样一个故事：广东岭南地区的居民喜欢吃蛇肉，饮食店中常有蛇羹出售。又，邵博《邵氏闻见后录》卷二九载："广西人喜食巨蟒。"大文学家苏轼贬官惠州，曾派老兵到市中买蛇羹给姜王朝云吃，骗她说是海鲜，后来王朝云得知自己吃的是蛇肉，马上反胃，恶心得大吐，结果病了数月，由此病死。

岭南人爱吃蛇、爱炖蛇羹，由来已久。蛇是一种冷血动物，喜暖畏寒，肉寒性。南方重重大山中，最不缺蛇。特别是岭南地处热带、亚热带地区，冬暖夏长，气温高，温润多雨，利虫蛇类生长。《广东新语》卷二四《虫语》就提到岭南"蛇之类甚众……蛇种类绝多"。从秋冬起，蛇的体内贮藏了冬眠所需的营养，故而迎来了最肥美的时期。吃蛇肉既养生、又不上火，因而受到南方人的喜欢。宋代朱彧《萍洲可谈》卷二记载"广南食蛇，市中卖蛇羹"。张师正《倦游杂录》载："岭南人好啖蛇，易其名曰茅鳝，草螽曰茅虾，鼠曰家鹿，虾蟆曰蛤蚧，皆常所食

---

① 苏辙：《栾城集》，上海古籍出版社，2009年，第245页。

者。海鱼之异者，黄鱼化为鹦鹉；泡鱼大者如斗，身有刺，化为豪猪；沙鱼之斑者，化为鹿。"岭南人不仅爱吃蛇，而且还很生猛，把老鼠、蚯蚓等作为食材，成为广府粤食文化中的一朵"奇葩"。朱或《萍洲可谈》卷二载："琼管夷人食动物，凡蝇蚋草虫蚯蚓尽捕之，入截竹中炊熟，破竹而食。"南宋周去非《岭外代答》卷六《食用门·异味》也提及："深广及溪峒人，不问鸟兽蛇虫，无不食之。其间异味，有好有丑。山有鳖名蛰，竹有鼠名獣，鸧鹳之足，腊而煮之。鲟鱼之唇，活而脔之，谓之鱼魂。此其至珍者也。至于遇蛇必捕，不问短长；遇鼠必执，不别小大；蝙蝠之可恶，蛤蚧之可畏，蝗虫之微生，悉取而燎食之；蜂房之毒，麻虫之秽，悉炒而食之；蝗虫之卵，天蟒之翼，悉鲊而食之。此与甘带嗜荐何异哉！甚者则煮羊胃，混不洁以为羹，名曰青羹，以试宾客之心。客能忍食，则大喜；不食，则以为多猜。抑不知宾主之间，果谁猜耶？顾乃鲊莺哥而腊孔雀矣！"北宋绍圣四年（1097），年已 62 岁的苏轼被一叶孤舟送到了边徼荒凉之地海南岛。他在谪居惠州、儋州期间，面临着当地生活条件艰苦，物资匮乏的问题，平时"至难得肉食"。苏轼听说弟弟苏辙（字子由）近来身体消瘦了，有些担心，赶紧写信，以轻松的口吻，大写特写海南的饮食见闻，希望弟弟能有所宽慰，多吃一点，长胖一些。他在《闻子由瘦》一诗中写道："五日一见花猪肉，十日一遇黄鸡粥。土人顿顿食薯芋，荐以薰鼠烧蝙蝠。旧闻蜜唧尝呕吐，稍近虾蟆缘习俗。十年京国厌肥羜，日日烝花压红玉。从来此腹负将军，今者固宜安脱粟。人言天下无正味，蝍蛆未遽贤麋鹿。海康别驾复何为，帽宽带落惊童仆。相看会作两臞仙，还乡定可骑黄鹄。"诗末自注："儋耳至难得肉。"据此可知，宋代的海南地广人稀，难得吃到一顿肉食。五天才能吃到一顿五花猪肉，十天才能吃一回黄鸡粥。当地居民没有肉吃，顿顿吃芋头，有时候熏烤老鼠吃，有时候把蝙蝠烧了吃，居然也觉得非常美味。那时候海南人民吃的是一种果蝠，据说肉质鲜美。蜜唧就是把刚出生的小老鼠崽蘸了蜜生吃，老鼠发出唧唧的叫声，所以叫蜜唧。苏轼说自己刚来海南的时候光是听到"蜜唧"两字就忍不住呕吐，但面对厨中空空、案上无肉的窘境，思念肉食的他，无奈在艰苦的环境所迫之下，也是饥不择食，入乡随俗，渐渐也开始尝试吃老鼠、蛇、蝙蝠、蛤蟆等，以弥补蛋白质严重不足。回想自己在京城里居住了十年，明明生活很优渥，但却厌恶荤腥油腻之物，饮食清淡。现在条件这么艰苦，想吃也吃不到，只能随遇而安了。可是世上大多数的人们热衷口腹之乐，天下美食都吃厌了，就开始猎奇，吃螳螂虫子，又想吃麋鹿这种稀有的动物。苏轼身处海南荒僻之地，饮食上吃得很差，所以身体也是日益清瘦。他在诗中设想，如果哪一天从海南回到内陆，人们肯定会吃惊他到底经历了什么，为何身体如此消瘦，衣帽都变得肥大了。瘦成这样，估计都可以骑着天鹅回家，到时候和弟弟相见，两个人都瘦得要成神仙了。

二、水产类菜肴

宋代水产品极其丰富，以海产品为例，据《宝庆四明志》卷四《叙产》所载，当时明州的海产品已有60多种，主要有郎君鱼、石首鱼、鲥鱼、鳖鱼、鲭鱼、鳗鱼、带鱼、黄鱼、鲭鱼、鱿鱼、老鸦鱼、海里羊等；贝类有江瑶、螺、牡蛎、小丁头鱼、紫鱼、蚶子、鲭子、海水团、蛤蜊等。此外，还有各种海虾、海蟹等等，不胜枚举。淡水产品主要有鲤、鲫、鳜、鲈、白鱼、青鱼、鳢、鲋、鲢、鳟、鲩（草鱼）、鲚、鳝、鲥、鲯、鳅、鳗、鳊、鲌、鲂、鲇、鲷、鳙、鰔、蚌、龟、鳖、蚬、蛤、螺等数十种。

水产类菜肴在宋代菜肴中占有非常重要的地位，这在南方、特别是东南沿海地区尤其如此。如李公端说："（杭）人善食鲜，多细碎水类，日不下千万。"（《姑溪居士文集·后集》卷一九《胡公行状》）据《梦粱录》《武林旧事》《都城纪胜》《山家清供》及各种方志初步统计，宋代有名可查的水产食品种类当在 120 种以上，约占人们日常菜单中的一半。

（一）鲜腴肥美的鱼菜

鱼类菜肴为水产系的大类，主要有赤鱼分明、姜燥子赤鱼、鱼鳔二色脍、海鲜脍、鲈鱼脍、鲤鱼脍、鲫鱼脍、两熟鲫鱼、群鲜脍、燥子沙鱼丝儿、清供沙鱼拂儿、清汁鳗鳔、酥骨鱼、酿鱼、酒蒸石首、

〔宋〕陈可九《春溪水族图》

酒蒸白鱼、酒蒸鲥鱼、酒吹鳉鱼、春鱼、油炸春鱼、油炸鲂鱼、油炸石首、油炸、石首玉叶羹、石首桐皮、石首鲤鱼、石首鳝生、莲房鱼包、银鱼炒鳝、撺鲈鱼清羹、假清羹、满盒鳅、江鱼假蝛、荤素水龙白鱼、水龙江鱼、冻石首、冻白鱼、大鱼鲊、鱼头酱、炒鳝、炙鳅、炙鳗、炙鱼粉、鳅粉、犯儿江鱼脍等。

石首鱼，又称黄鱼、黄花鱼。因其头盖骨内有骨二枚，大如豆，色白，坚硬如石，故名。黄鱼肉质细嫩，其味可与江南鲫鱼、松江鲈鱼媲美，故在南

宋成为人们喜爱的菜肴。黄鱼用酒腌渍，再加酒、清汤、火腿等蒸制，汤鲜味醇，鱼肉坚实而鲜嫩，酒香扑鼻。据吴曾《能改斋漫录》卷一五《方物》所载，盛产于两浙明州。梅尧臣有《昨于发运马御史求海味，马已归阙，吴正仲忽分饷黄鱼鲞酱鲞子因成短韵》诗。宋代常见的此类菜肴有酒蒸石首、油炸石首、石首玉叶羹、石首桐皮、石首鲤鱼、石首鳝生、冻石首等。

乌贼鱼，别名墨鱼、乌鱼、乌子、墨斗鱼等。为一种海产的软体动物，与大黄鱼、小黄鱼，带鱼并称为中国四大海产鱼。梅尧臣《乌贼鱼》诗描述道："海若有丑鱼，乌图有乌贼。腹膏为饭囊，鬲冒贮饮墨。出没上下波，厌饫吴越食。烂肠夹雕蚶，随贡入中国。中国舍肥羊，啖此亦不惑。"

鲞鱼，学名刀鲚，古称鱽、刀鱼、鱵刀，又称凤尾鱼、野毛鱼、毛芒鱼。分布于沿海各地，尤以莆田通印所产最佳。庄绰《鸡肋编》卷中载："兴化军莆田县去城六十里，有通应侯庙，江水在其下，亦曰通应，地名迎仙，水极深缓，海潮之来，亦至庙所，故其江水咸淡得中，子鱼出其间者，味最珍美，上下十数里，鱼味即异，颇难多得，故通应子鱼，名传天下，而四方不知，乃谓子鱼大可容印者为佳，虽山谷之博闻，犹以通印鲞鱼为披绵黄雀之对也。至云'鲞鱼背上通三印'，则传者益误，正可与一麈为比矣。以子名者，取子多为贵也。"而鲞鱼的食用，又以清明节前食用最好。梅尧臣《邵考功遗鲞鱼及鲞酱》诗："已见杨花扑扑飞，鲞鱼江上正鲜肥。早知甘美胜羊酪，错把莼羹定是非。"

鲻鱼，又称子鱼，形似青鱼，都是体型宽大、背青腹白，生东南浅海中，专食泥土。身圆口小，长者尺余，骨软肉细。南宋梁克家《淳熙三山志》卷四二《土俗类四·物产》载："鲻鱼似鲤，身圆，口小，骨软，生江海浅泽中。吴王论鱼，以鲻为上。"这种鲻鱼在宋代非常稀缺，且价格昂贵。北宋王得臣《麈史》卷中《诗话》载："闽中鲜食最珍者，所谓子鱼者也。长七八寸，阔二三寸许，剖之子满腹，冬月正其佳时。"

鲨鱼属软骨鱼类，为一群游速快的中大型海洋鱼类。大部分鲨鱼可鲜食、蒸食、腌制，或做为鱼香肠、鱼膏、鱼罐头等的原料。鲜食时，由于肉中含有尿素，可用柠檬酸或柠檬汁或蕃茄汁除去尿素，以提高肉的质量。此外，鲨鱼鱼翅（鳍）、鱼唇又是海产八珍中之两珍。所谓鱼翅，就是鲨鱼鳍中的细丝状软骨，是用鲨鱼的鳍加工而成的一种海产珍品。我国很早就发现了鲨鱼的可食价值，并从鲨鱼身上剥取精华，加工成海产珍品，人们最早加工出的鲨鱼制品是鱼皮和鱼唇。宋朝时，人们称鲨鱼为"沙鱼"，鲨鱼皮和鲨鱼唇都曾名噪食界。杨彦龄《杨公笔录》在夸奖鳆鱼的时候，认为江珧柱、沙鱼翅鳔之类"皆可北面矣"，这里说的沙鱼仅指其鱼皮和鱼唇制品。他们喜欢将治净煮软的鲨鱼肉切成薄片生吃，名为"沙鱼脍"；鲨鱼皮煲汤，名为"沙鱼衬汤"；炒沙鱼衬肠，是用鲨鱼的小肠做的一道菜，衬肠即鲨鱼小肠；鲨鱼皮煮软，剪成长条成丝后凉拌，浇上清汤，铺上菜码，像吃面一样吃完，名为"沙鱼缕"或"鲨鱼皮脍"。这些经过加工而成的鲨鱼菜肴，非常珍贵，梅尧臣曾获友人馈赠，写下了《答持国遗鲨鱼皮脍》一诗，透露了这种珍品的一些信息，其诗说："海鱼沙玉皮，翦脍金齑酽。远持享佳宾，岂用饰宝剑。予贫食几稀，君爱则已泛。终当饭葵藿，此味不为欠。"《武林旧事》提到过一个饭局，宋高宗带着亲信臣子去大将张俊家，张俊大摆筵席，给宋高宗准备"下酒十五盏"，其中第六杯即有"沙鱼脍"和"炒沙鱼衬汤"两道菜。甚至连北宋宗亲王室、文武百官进宫为皇帝祝寿时的宴饮上，都有"假沙鱼"一道素菜。《东京梦华录》卷二《饮食果子》记载当时流行的市肆菜品有"肉醋托胎衬肠沙鱼两熟"。最值得关注的是，宋朝食谱中还出现了一道"沙鱼翅鳔"[1]，这是用鲨鱼鳍制作的干品，就跟现在市面上卖的鱼翅一样，烹饪之前需要泡发。这是有史记载以来，鱼翅上食坛餐桌的最早时间。但从现代营养学的角度看，鱼翅（即软骨）并不含有任何人体容易缺乏或高价值的营养。此后，吃鱼翅成为中国一种特有的文化现象。

鲥鱼是一种肉味极其鲜美的名贵鱼类，分布于长江、珠江和钱塘江等江河中，为洄游鱼。《梦粱录》卷一八《物产·虫鱼之品》曰："鲥，六和塔江边生，极鲜腴而肥，江北者味差减。"蒸鲥鱼是一道特色鱼菜，《中馈录》载其制法："鲥鱼去肠不去鳞，用布拭去血水，放荡箩内，以花椒、砂仁酱擂碎，水酒、葱拌匀其味，和蒸，去鳞供食。"宋代文人喜食鲥鱼，如王安石《后元丰行》诗："鲥鱼出网蔽洲渚，荻笋肥甘胜牛乳。"苏轼精于美食，尤其喜爱吃鲥鱼，"姜芽紫醋炙鲥鱼，雪碗擎来二尺余。尚有桃花春气在，此中风味胜莼鲈"，诗中描绘的就是他烹制鲥鱼、享用美味的场景。

鲈鱼为一种分布于各海口和河口一带淡水中的浅海鱼类，以肉质细腻嫩滑著称于世，对人体有良好的滋补作用，有补五脏、益肝脾、健胃、主安胎、治水气及强筋骨等功效。盛产于吴地松江。宋代常见的此类菜肴有鲈鱼脍、撺鲈鱼清羹。胡仔《苕溪渔隐丛话》前集卷二七引张末云："陈文惠有《题松江》诗，落句云：'西风斜日鲈鱼乡。'言惟松江有鲈鱼耳，当用此'乡'字。而数处见皆作'香'字，鱼未为羹哉，虽嘉鱼直腥耳，安得香哉？"王楙《野客丛书》卷七引《松江诗话》说："鱼虽不香，作羹芼以姜橙，而往往馨香远闻。故东坡诗曰：'小船烧薤捣香齑。'李巽伯诗曰：'香齑何处煮鲈鱼？'鱼作'香'字未为非也。"王楙按道："仆谓作者正不必如是之泥。刘梦得诗曰：'湖

---

① 宋代杨彦龄《杨公笔录》载："余以谓鳆鱼之珍尤胜江珧柱，不可干至故也。若沙鱼翅鳔之类，皆可北面矣。"

酒炊鲥鱼（宋韵婺州府制作）

鱼香胜肉。'孰谓鱼不当言香耶？但此'鲈鱼香'云者，谓当八九月鲈鱼肥美之时节气味耳，非必指鱼之馨香也。"苏轼爱食肉味鲜美的鲈鱼，在诗词中曾多次提到，如《乌夜啼·寄远》："更有鲈鱼堪切脍，儿辈莫教知。"又如《二月十九日携白酒鲈鱼过詹使君食槐叶冷淘》："青浮卵碗槐芽饼，红点冰盘藿叶鱼。醉饱高眠真事业，此生有味在三余。"

淮白鱼，即淮水所产之白鱼，又叫"正白鱼"或"银刀"，今写作"鲌鱼"，因其通体鳞色雪白如玉，故名。又因体扁修长犹如腰刀，称银刀；头尾微微上翘，民间形象地叫它翘嘴白鱼。主要产在淮河流域的广大地区，是生活在流水及大水体中的鱼类，一般在水体中上层，性情较凶猛，游动迅速，以小鱼、虾为主食，也食昆虫，喜追逐猎取活食，常常在水面上追捕小鱼小虾和落水昆虫。淮白鱼一般不大，至多二三斤。所以，"苏门四学士"之一的张耒诗中说"满尺白鱼初受钓"；偶尔也有稍大的淮白鱼，如南宋汪莘《菩萨蛮》中说"三尺白鱼长"。此鱼是名贵鱼类，少刺多肉，肉嫩而鲜美，营养价值较高，一贯被视为上等佳肴，清蒸、酒糟、爆腌皆宜，从隋朝开始就成为进献皇室的贡品。《旧唐书·地理志》记载："颍州土贡有糟白鱼，今淮河白鱼犹甲他处矣。"糟淮白鱼以鲜美著称，宋朝一代文豪苏东坡在都梁山上写下"人间有味是清欢"，大诗人杨万里作《谢叶叔羽总领惠双淮白二首》亦赞曰："天下众鳞谁出右，淮南双玉忽尝新。"与唐代宫廷一样，北宋的皇族也爱吃淮白鱼，但淮安白鱼出水后存活时间很短，必须立刻烹制。北宋都城东京（今河南开封）距离楚州（今江苏淮安）路途有点远，皇族显宦要吃到新鲜的淮白鱼有点困难，只能退而求其次吃用酒糟腌制的白鱼。《邵氏闻见录》卷八就记载："文靖夫人因内朝，皇后曰：'上好食糟淮白鱼。祖宗旧制，不得取食味于四方，无从可致。相公家寿州，当有之。'夫人归，欲以十奁为献。公见问之，夫人告以故。公曰：'两奁可耳。'夫人曰：'以备玉食，何惜也！'公怅然曰：'玉食所无之物，人臣之家安得有十瓮也？'呜呼！文靖公者，其智绝人类此。"这里的"上"即是指宋仁宗。根据《宋会要辑稿》记载，治平四年（1067），仅楚州就进贡了糟淮白鱼300斤。曾几的《食淮白鱼二首》之"帝所三江带五湖，古来修贡有淮鱼。上方无复蛲珠事，玉食光辉却要渠"，即咏此事。而家中淮白鱼的多少，也成为一些权臣对外"讳莫如深"的秘密，可见此鱼之珍贵，和皇帝、大臣对淮白鱼这样珍馐美味的垂涎。

宋代达官贵人家中遇到重要喜事，都要用淮白鱼烹饪佳肴，大快朵颐。文人士大夫也是以一尝淮上美味为幸。而爱好美食的苏轼更是淮白鱼的第一粉丝，他知颍时曾多次赋诗赞美颍州白鱼，如其《台头寺雨中送李邦直赴史馆分韵得忆字人字兼》写道："红叶黄花秋正乱，白鱼紫蟹君须忆。"《送欧阳主簿赴官韦城四首》："白马津头春水来，白鱼犹喜似江淮。"后来，苏轼看到渔民捕捉刀鱼的场景，又赋诗《赠孙莘老七绝》："三年京国厌藜蒿，长羡淮鱼压楚糟。今日骆驼桥下泊，恣看修网出银刀。"赞美颍州淮白鱼优于他处。他在那首著名的《发洪泽，中途遇大风，复还》中说："明日淮阴市，白鱼能许肥。我行无南北，适意乃所祈。"旅途中，老饕苏学士念念不忘这道淮安美食。梅尧臣《杨公懿得颍人惠糟粕分饷并遗杨叔恬》诗："云谁得嘉贶，曾靡独为享。乃知不忘义，分遗及吾党。"由于分享到友人莼菜毛羹，又可以用楚糟糟制，两者一味美，一味爽。梅尧臣还有一诗："食鱼何必食河鲂，自有诗人比兴长。淮浦霜鳞更腴美，谁怜按酒敌疱羊。"认为糟淮白非常"腴美"，做下酒菜可以与羊肉菜匹敌，是令人喜爱的。唐宋八大家之一、苏轼的弟弟苏辙曾三次来到颍州，其《次韵子瞻题泗州监仓东轩二首》也赞美淮河上的白鱼道："梅生红粟初迎腊，鱼跃银刀正出淮。"说明秋冬是捕捞品味淮白鱼的最佳时节。在《程之元表弟奉使江西次前年送赴楚州韵戏别》中，他也感叹道："送君守山阳，羡君食淮鱼。"欧阳修也在《忆焦陂》诗说："焦陂八月新酒熟，秋水鱼肥脍如玉。"

同样喜欢白鱼的还有诗人晁补之，他在从隋唐运河南下途中，对白鱼充满期待："杨柳青青欲哺乌，一春风雨暗隋渠。落帆未觉扬州远，已喜淮阴见白鱼。"曾几在盱眙食白鱼后作《食淮白鱼二首》，其一云："十年不踏盱眙路，想见长淮属玉飞。安得玻璃泉上酒，藉糟空有白鱼肥。"他的另外一首《次曾宏甫赴光守留别二首韵·其二》也赞叹淮白鱼："淮白美无度，山丹开欲然。谈夸空海内，怅望只溪边。老境嗟无几，宗盟幸有连。到时能走送，别后见相怜。"诗人杨万里对白鱼的烹饪颇有研究，他专门为淮安白鱼写了首《初食淮白》："淮白须将淮水煮，江南水煮正相违。霜吹柳叶落都尽，鱼吃雪花方解肥。醉卧高丘名不恶，下来盐豉味全非。饕人且莫供羊酪，更买银刀二尺围。"并注："淮人云：白鱼食雪乃肥。"强调产自淮河的白鱼，就要用淮河的水来烹煮，用江南水来煮就差点意思了。而如果淮白鱼没有在秋冬季节应时上市，食客们就索然寡味、难以下箸，显得无比的失落。杨万里《晚晴独酌二首》中就写道："冷落杯盘下箸稀，今年淮白较来迟。异乡黄雀真无价，稍暖琼酥不得时。"此外，郑獬《冬日示杨季若梁天机》："红糟淮白复脆美，佐之绿荥作吴羹。"艾性夫《雁塔》："君不见春初淮白鱼，秋深黄雀儿。"汪元量《湖州歌九十八首》其二十五："雪花淮白甜如蜜，不减江珧滋味多。"都赞美了淮白鱼。正因为淮白鱼名气大，故南宋都城临安市上有多种淮白鱼菜品出售，"酒炊淮白鱼"还成了当时宫中的名品，名列司膳内人的《玉食批》。至今天，淮白鱼仍是盱眙"都梁宴"的经典菜品之一。

鲤鱼为常见的淡水鱼类，以产于黄河为最佳。宋菜中有鲤鱼脍、石首鲤鱼等相关菜谱。梅尧臣《颍上得鲤鱼为脍怀余姚谢师厚》诗："青蓑潭上老，赪尾网中鱼。买作秋盘脍，还思远客书。越薤橙熟久，楚饭稻春初。虽去故乡远，不嫌为馔疏。"又《设脍示坐客》诗："汴河西引黄河枝，黄流未冻鲤鱼肥。随钩出水卖都市，不惜百金持与归。

我家少妇磨宝刀，破鳞奋鬐如欲飞。萧萧云叶落盘面，粟粟霜卜为缕衣。楚橙作齑香出屋，宾朋竞至排入扉。呼儿便索沃腥酒，倒肠饫腹无相讥。逡巡瓶竭上马去，意气不说西山薇。"

　　鲫鱼，以产于湖北梁子湖、江苏六合龙池者最佳。梅尧臣《蔡仲谋遗鲫鱼十六尾，余忆在襄城时获此鱼留以迟欧阳永叔》诗："昔尝得圆鲫，留待故人食。今君远赠之，故人大河北。欲脍无庖人，欲寄无鸟翼。放之已不活，烹煮费薪棘。"黄庭坚《谢荣绪惠贶鲜鲫》诗；"偶思暖老庖玄鲫，公遣霜鳞贯柳来。齑臼方看金作屑，鲙盘已见雪成堆。"宋菜中有鲫鱼脍、两熟鲫鱼等相关菜谱。

〔南宋〕周东卿《鱼乐图》(局部)

鳊鱼，又称武昌鱼、鲂、缩项、缩项团头鳊等。以肉质细嫩肥美著称于世。武昌一带所产者为最佳，故又名鄂城鳊鱼、鄂城刀鱼。苏轼《鳊鱼》诗："晓日照江水，游鱼似玉瓶。谁言解缩项，贪饵每遭烹。杜老当年意，临流忆孟生。吾今已悲子，辍箸涕纵横。"周密《癸辛杂识》后集《桐蕈鳆鱼》载："贾似道当柄日，尤喜苕溪之鳊鱼。"

莲房鱼包，就是用莲房（莲蓬）包裹着鱼肉蒸熟了吃。林洪《山家清供》卷上详细记载了此菜的制作方法："将莲花中嫩房，去穰截底，剜穰留其孔，以酒、酱、香料加活鳜鱼块，实其内，仍以底坐甀内蒸熟。或中外涂以蜜，出碟，用'渔父三鲜'供之。三鲜，莲、菊、菱汤瀹也。"这道鲜美异常的莲房鱼包，是林洪在一位叫李春坊的朋友宴席上吃到的，相当别致。鲜嫩的莲蓬去瓤截底，剜穰时留下空，用加上酒、酱、香料的鳜鱼块填满蓬孔，用截下的蓬底封住，放在锅里蒸熟。起锅后里外涂上蜜盛于碟中，用渔父三鲜——莲花、菊花、菱角做汤汁，浇着吃。莲香浸入鳜鱼中，又鲜又香。夏日燠热，佐以花果烹制荤腥，解腻生津，开胃消食。林洪吃得高兴，还专门为此菜品写了一首诗："锦瓣金蓑织几重，问鱼何事得相容。涌身既入莲房去，好度华池独化龙。"把"鱼钻入莲房"说成是"度化成龙"，既贴合这道菜的做法，也清新可爱。

炙鱼：浦江吴氏《中馈录》载："鲚鱼新出水者治净，炭上十分炙干，收藏。一法，以鲚鱼占头尾，切作段，用油炙熟。每服用箸间盛瓦罐内，泥封。"

炙鳅：宋代何薳《春渚纪闻》卷三载："钱塘北郭吕五以炙鳅鳗为给，而鳅至难死，每以一大斛，置鳅满中，投以盐醯，听其咀唼至困，然后始加刀炙。云令盐醯之味，渍入骨中，则肉酥而味美，以故市之者众。"

当然除上述这些制作方法外，熬鱼汤也是一种比较常见的烹饪方法。苏轼在黄州作有名篇《鱼蛮子》，描述黄州一带的渔俗："江淮水为田，舟楫为室居。鱼虾以为粮，不耕自有余……擘水取鲂鲤，易如拾诸途。破釜不着盐，雪鳞芼青蔬。"据此可知，黄州百姓流行熬鱼汤。受他们的影响，苏轼在黄州时也吸收了民间的烹饪经验和方法，不断丰富了自己制作菜肴的技法。他烹制鱼肉，不仅讲究取水、火候独到，而且爱亲自掌勺煮鱼汤，但凡买来活鱼，不立即宰杀，而是等待鱼慢慢死掉，过一段时间再进行烹制。选鱼，是鱼汤味道鲜美的保证，同时也是苏轼的拿手好戏。苏轼做鲫鱼汤，必选白背鲫鱼，他认为活水中的鲫鱼，背上的鳞是白色的；生在死水中，背上的鳞则是黑色的，而且味道不好。于是，他结合了当地渔民传统的煮鱼法，自创了熬鱼

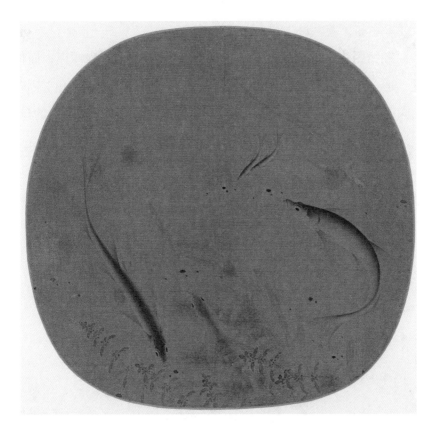

〔宋〕佚名《群鱼戏藻》

汤方法。据其写的《煮鱼法》所说，就是把鲜鲫鱼或鲤鱼去鳞剥洗，用清水冲洗干净后，下入冷水锅中，大火煮，加盐，将青白菜和整段的葱白加入，不能搅动。鱼半熟时，放入少量的生姜、萝卜汁和料酒，三物等量。快熟时，再加入桔皮丝，小火熬至汤汁如乳、香气四溢，即可食用。在这道菜中，生姜和萝卜的妙用，如民谚所云："冬吃萝卜夏吃姜，不用医生开药方。"数年后，苏轼到杭州做官，遍食当地美食。忽一日他思念鱼汤鲜美之味，按照其在黄州时的煮鱼方法，熬制鱼汤，请一群吃遍人间美食的客人品尝。大家品尝以后都一致称赞他的鱼羹美味超群，认为非一般的厨师所能制作。

（二）拼死吃河豚

河鲀，因为从水里捕获的时会发出类似猪叫声的唧唧声，而俗称河豚。是一种分布于东南沿海与通海的江河下游的海产洄游鱼。因吃鱼虾而颇肥腴，肉质极其鲜美爽滑，汤汁鲜香四溢，拥有远超鱼肉的口感，与长江刀鱼、鲥鱼被列为"长江三鲜"，并居首，更有夸张的说法是"一

〔宋〕乔仲常所绘《后赤壁赋》中的苏轼

朝食得河豚肉，终生不念天下鱼"。宋代赵彦卫在《云麓漫钞》中载："河豚腹胀而斑状甚丑，腹中有白曰讷，最甘肥，吴人甚珍之，目为西施乳。"宋人薛季宣有《河豚》诗为证："西施乳嫩可奴酪"，是说其嫩胜于乳酪。但其肝藏、血液等有毒。明李时珍《本草纲目》卷四四载："河豚鱼……味虽珍美，修治失法，食之杀人……其血有毒，脂令舌麻，子令腹胀，眼令目花。"现代科学证明河豚毒素是目前自然界发现的毒性最强的非蛋白质毒素之一，一粒河豚籽的毒性足以让几十人丧命，故不宜食用。

河豚的毒素和它那极致的美味，纠缠于生死之间，甚至会超越于生死之外。宋代老饕们为了追求河豚的极致美味，拼死吃河鲀，争相品尝，掀起了争吃河豚的饮食风潮。河豚不仅是达官贵人宴席上的珍馐，也成了普通百姓餐桌上的佳肴，食用河豚得到空前普及。《宋朝事实类苑》卷六三《鱼》载："河豚鱼有大毒，肝与卵，人食之必死。每至暮春，柳花飞坠，此鱼大肥，江淮人以为时珍，更相赠遗。脔其肉，杂莒蒿荻芽，瀹而为羹。或不甚熟亦能害人，岁有被毒而死者。南人嗜之不已。"宋代张耒《明道杂志》则记载当时无河豚鱼不成"盛席"的盛况："河豚鱼，水族之奇味也。而世传以为有毒，能杀人。中毒则觉胀，亟取不洁食乃可解。不尔，必死。余时守丹阳及宣城，见土人户食之，其烹煮亦无法，但用蒌蒿、荻笋、菘菜三物，云最相宜。用菘以渗其膏耳，而未尝见死者。或云土人习之，故不伤。……初出时，虽其乡亦甚贵。在仲春间，吴人此时会客，无此鱼则非盛会。其美尤宜再温。吴人多晨烹之，羹成，候客至，率再温以进。"

宋代河鲀的食法，是与荻芽做羹，此法延续至今。欧阳修《六一诗话》有载："河豚常出于春暮，群游水上，食柳絮而肥，南人多与荻芽为羹，云最美。"张耒《明道杂志》也载"但用蒌蒿、荻笋（即芦芽）、菘菜三物"烹煮，这三样与河豚搭配最为适宜。如景祐五年(1038)北宋著名诗人梅尧臣卸任建德县知县，好友范仲淹任饶州知州，邀梅尧臣同游庐山，在范仲淹款待梅尧臣的酒宴上，当同僚们绘声绘色地讲起河豚如何味美时，引起梅尧臣的极大兴趣，忍不住即兴作《范饶州坐中客语食河豚鱼》诗，赞美河豚肉质鲜嫩丰满："春洲生荻芽，春岸飞杨花。河豚当是时，贵不数鱼虾……"此诗使"河豚"名声雀噪，被欧阳修誉为"绝唱"。苏轼是个著名的吃货，最喜欢吃河豚，其《惠崇春江晚景二首》之一诗："竹外桃花三两枝，春江水暖鸭先知。蒌蒿满地芦芽短，正是河豚欲上时。"虽然十分简短，但却十分形象的刻画出了诗人翘首以盼、终于等到河豚上市的喜悦心情，同时也一语道破了品尝河豚最好的时节，引发了人们对于江南风物——河豚的无限遐想。又其《四月十一日初食荔枝》诗："先生洗盏酌桂醑，冰盘荐此赪虬珠。似闻江鳐斫玉柱，更喜河豚烹腹腴。"并注："予尝谓，荔枝厚味高格两绝，果中无比，惟江瑶柱（即新鲜干贝）、河豚鱼近之耳。"认为荔枝的美味没有其它果品可以与之媲美，只有江瑶柱和河豚丰腴洁白的精巢烹成的"西施乳"才能与之相比。这种"吃一看二眼观三"的本能，非大老饕万万不能达到此一最高境界，让人艳羡不置。宋人孙奕《履斋示儿编》卷一七中收录了一个苏轼吃河豚的故事，说是他居常州时，里中有一位士大夫，非常仰慕苏轼风采，他家善于烹制河豚，听闻苏轼来到他的家乡，且听闻其非常喜欢吃河豚，认为这是千年不遇的好事，就请这位名满天下的大学士到府上共享这一美味，并希望能得到苏轼一言半语的品题。于是等到苏轼赴宴的时候，一家女眷孩童都挤到屏风后头观看，想听听大学士如何评价河豚鱼。士大夫的家人屏住呼吸，但见苏轼筷子翻飞，只顾闷头吃河豚，好半天不说话，更没有一点儿赋诗作画的意思，就像个只会吃、不会说的哑巴一样。这让藏在屏风后头的人们，你看着我我看着你，非常地失望，咋会是这个样子？这跟大家期待的文章圣手差距也太大了吧！正在此时，苏轼放下筷子，十分满意地说了一句："据其味，真是消得一死！"

这下全家可真是高兴极了，喜出望外！因为苏轼的这句评价，早已超出那些诗文书画之外，甚至超越生死，直至巅峰，无可比拟。这一故事凝练生动，文字浅近易懂，将这"士大夫家"的小心思和苏轼知味贪吃河豚的形象刻画得维妙维肖，足见河豚确是无比的美味。张耒《明道杂志》也记载了苏轼在扬州时"拼死吃河豚"的趣闻："苏子瞻（苏东坡）是蜀人，守扬州；晁无咎，济州人，作倅。河豚出时，每日食之，二人了无所觉，但爱其珍美而已。"又载"苏子瞻在资善堂，尝与人谈河豚之美，诸人极口譬喻称赞，子瞻但云：'据其味，真是消得一死。'人服以为精要"。苏轼认为吃了味美的河豚，哪怕是毒死了也是值得的。

但河豚确有剧毒，常常发生吃河鲀中毒死亡的事件。宋代陈傅良在《止斋集》卷五二有《戒河豚赋》："余叔氏食河豚以死，余甚悲其能杀人。吾邦人嗜之尤切他鱼，余尝怪问焉，曰：'以其柔滑且甘也。'呜呼！天下之鱻以柔且甘杀人者，不有大于河豚者哉！"这篇《戒河豚赋》虽然描述了河豚中毒的惨案，但一句"柔滑且甘"却让河豚听起来既危险又诱人。

河豚有毒，并非人人都会烹制，但人们又非常想吃，于是，宋代美食家就对河豚毒进行了研究，认识也更深了，研究出了一些行之有效的烹制河豚的方法，传统的用蒌蒿、芦荟这些植物作为必备的辅料，除增益其美味外，似乎还有祛毒之效。此外，据《吴郡志》卷二九所载，"中其毒者，水调炒槐花末及龙脑（冰片）水、至宝丹皆可解……橄榄子亦解鱼毒"。如苏东坡《物类相感志》提出：煮河豚用荆芥，煮五、七沸，换水则无毒。费衮《梁溪漫志》卷九《本草误》也载："河豚之目并其子凡血皆有毒，食者每剔去之，其肉则洗涤数十遍，待色白如雪，再烹。"

为了让平民百姓解解馋，享受一下口腹之欲，宋代美食家甚至在没有真河豚的情况下，还创制出了"假河鲀"的吃法，即具有河豚的样子和味道的食物，聊以过瘾。类似今天到寺庙里吃素斋，也能吃到"素黄鳝""素牛肉""素里肌"。据《东京梦华录》等书记载，东京等城市中假河鲀、炸油河鲀、油炸假河鲀等已作为名菜，纷纷出现在饮食店里。

假河豚怎么做？《山家清供》所记的"假煎肉"制作方法可见一斑：葫芦和面筋都切成薄片，分别加料后用油煎，然后加葱、花椒油、酒，放一起炒，葫芦和面筋不但炒得像肉，而且它的味道也和肉味相同。张耒吃过假河豚，味道非常奇妙。杨次翁在丹阳时，就用这样的"假河豚"招待过大书法家米芾，说：今天为你做了一道鲜美无比的河豚。当杨次翁将他的"河豚"端上来时，米芾一开始还疑虑不敢吃，杨次翁笑着对他道：这是用别的鱼做的，是假河豚。米芾一尝，居然跟真河豚一样鲜美，假可乱真！于是放心大快朵颐。宋代袁说友《谢魏南伯馈假河鲀羹》诗："江南风物与君论，芦笋蒌蒿荐晚樽。举酒不知身在远，隔江谁送假河鲀。"

（三）不食螃蟹辜负腹

北宋时的苏颂在《本草图经》虫鱼上卷第一四中说："今人以蟹为食品之佳味。"当时蟹菜在水产菜肴中的地位仅次于鱼菜，主要有醋赤蟹、白蟹辣羹、炒蟹、渫蟹、洗手蟹、酒蟹、糖蟹、蝤蛑签、蝤蛑辣羹、溪蟹、奈香盒蟹、签糊齑蟹、枨酿蟹、五味酒酱蟹、糟蟹、蟹鲊、炒螃蟹、蟹酿橙、赤蟹、辣羹蟹、枨醋洗手蟹等20多种。此外，还有蟹包、蟹饭、蟹𫗦饠、蟹馒头等相关的食品。上至帝王将相，下至平民百姓，都好此味。

先从皇帝来说，宋仁宗赵祯可以说是宋代皇帝中最喜欢吃螃蟹的人。据司马光《涑水纪闻》卷八记载，宋仁宗生下来之后就在他爹宋真宗默许的情况下，被章献刘皇后给抱养了。等宋仁宗年幼即位之后，非常喜欢吃螃蟹，一顿不吃就馋得发慌，一吃起来就刹不住车，大吃特吃。这螃蟹虽然美味，但是性寒，不宜多吃，吃多了就可能会得病。由于宋仁宗螃蟹吃得太多，不知节制，最后吃出了风痰之病：头晕眼花，四肢麻木，咳嗽多痰，还经常便秘。那时候宋仁宗还小，没有亲政，真正掌权的是他名义上的母亲章献刘太后。刘太后对小皇帝很严格，动以礼法禁约小皇帝，但未尝假以颜色。当时主要照顾他起居的杨太妃（后来被追封为章惠皇后）却对小皇帝很好。刘太后见宋仁宗吃螃蟹吃坏了身体，苦于风痰，当即下发懿旨："禁虾蟹海物，不得进御！"不仅螃蟹，连虾都不让送到宫里来！毕竟当时的宋仁宗是个小孩子，就是馋，没办法，他让太监偷偷去外面店里买一两只螃蟹进来，大家都害怕刘太后严惩，不敢答应。这下可把宋仁宗给馋坏了，让杨太妃也看不下去。杨太妃对刘太后说："太后何苦虐吾儿如此？"于是她经常偷偷的将虾、螃蟹藏起来给宋仁宗吃，还埋怨刘太后对宋仁宗太严格。宋仁宗长大以后，对刘太后心怀怨恨，对杨太妃很感激，"奉事曲尽恩意"。第二个喜食湖蟹的是宋孝宗赵昚。赵潽《养疴漫笔》就记载了宋孝宗食蟹致病的故事：宋孝宗是一位蟹痴，极喜欢品食湖蟹。有一次，因吃湖蟹吃得太多，肠胃受寒，得了冷痢，腹中剧痛，腹泻不止。经太医们诊断为痢疾，但治疗痢疾的各种处方都用过了，他的病却毫无起色。这下可急坏了太上皇赵构。赵构眼看孝宗病体缠身，非常担心焦急。赵构心中郁闷，就带了一个宫中太监，两人装扮成主仆，在临安城内闲游散心。走着走着，偶见街上有一个小药肆，他派人上去询问药铺医师严某："你能治痢疾吗？"严姓郎中回答说："我专业医此病。"于是，太上皇带他一起到皇宫里。严郎中请问孝宗的病由，语以食湖蟹多致病。随后又替孝宗诊过脉，便道："这是冷痢，因食蟹中毒所致。其法用新采藕节细研，以热酒调服。"依其方法，将新采来的藕鲜节杵细捣碎取汁，用热酒调。孝宗仅吃了几次药，疾病就痊愈了。太上皇大喜，就以一枚杵药金杵臼赐给严郎中。严郎中由此声名大振，

〔宋〕佚名《荷蟹图》

时称"金杵臼严防御家"。今天杭州城内的严官巷，即得名于此。第三个喜食湖蟹的是宋理宗赵昀。据宋代陈世崇《随隐漫录》卷三所载，宋理宗不只喜食蟹，而且奢靡，他要国内最著名的稻蟹产地姑苏进贡，以供自己享用。按制，收到贡品后要给个批答，看了应制（应皇上之命而拟文的官员）程奎的批答，理宗不满意，说是乡村间的酒旗语，太俗气，不像王言。他又看了陈藏一的批答，觉得气派，才高兴拍板。陈拟批答夸了稻蟹，夸它内德外威，夸它可出将入相，夸它有横行之象，给了高度的赞扬。虽说陈藏一拟批答有拔高之嫌，可又是切合稻蟹的内质外貌和行为特征。宋理宗还以蝤蛑为馅包馄饨等，但"止取两螯，余悉弃之地"。

除宋朝皇帝外，也留下了许许多多骚人墨客和庶民百姓喜食蟹的记录。

从宋代欧阳修《归田录》卷下等文献的记载来看，最爱吃螃蟹的宋朝官员当推钱昆，他是五代吴越国国王钱镠的子孙，世代住在杭州，而杭人喜欢吃螃蟹，故此当他考中进士并通过吏部的诠选以后，皇帝问他想去哪个地方当官，他说："但得有螃蟹无通判处，则可矣。"至今士人以为口实，由此可以说钱昆在中国食蟹史上是名垂青史了。

欧阳修也很喜欢吃螃蟹，且还喜欢到处和别人分享吃螃蟹。他不仅为螃蟹写诗，还为了方便自己吃螃蟹在螃蟹产地置地购房，可以说是为了吃蟹付出了不小的代价。他在颍州（今安徽阜阳）当官时，写信告诉自己的大儿子欧阳发说：颍州的猪肉、羊肉不如东京的鲜嫩，但颍州西湖所产的螃蟹可比京城街市上出售的螃蟹强太多了，不仅特别好吃，而且价格还很便宜。要是自己以后退休了，能在颍州的西湖边买块地造个房子，每天喝酒吃蟹，悠游终日，这样的生活岂不美哉！事实上，欧阳修晚年真的完成了这个梦

欧阳修像

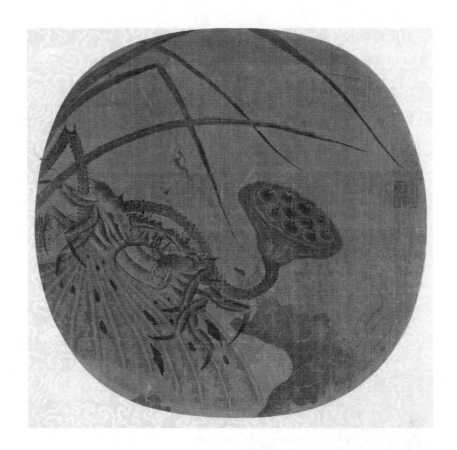

〔宋〕佚名《荷蟹图》

想，过上了让人羡慕的神仙生活。即使他在病榻之上缠绵之际，还想着曾经和好友吃过的螃蟹味道，他在《病中代书奉寄圣俞二十五兄》诗中写道："忆君去年来自越，值我传车催去阙。是时新秋蟹正肥，恨不一醉与君别。"你看，人都快要死了，却还在回味有酒有螃蟹的快乐日子。

苏轼曾以诗换螃蟹，作诗戏言"堪笑吴兴馋太守，一诗换得两尖团"（《丁公默送蝤蛑》）。他在《老饕赋》中提到了自己爱吃的"聚物之夭美"的六道美食，其中就有两道和螃蟹有关，即"嚼霜前之两螯""蟹微生而带糟"。"嚼霜前之两螯"，指的是秋天霜降之前的成熟大闸蟹的两个大腿；"蟹微生而带糟"，指的就是流传千年至今存在的醉蟹。微生，指的不是全熟；带糟，指的是酒糟，这是醉蟹的吃法。人生最爱六道菜中有两道是螃蟹，可以说苏轼爱蟹超过爱吃肉。苏轼还将吃螃蟹描写成了一件人生幸事，在《饮酒四首》中说："左手持蟹螯，举觞瞩云汉。天生此神物，为我洗忧患。"由此看来，吃螃蟹还可以治愈他的心理创伤了。

诗人杨万里绝对称得上吃螃蟹的行家里手，他最喜欢的是糟蟹，曾经写有一首《糟蟹》诗："横行河海浪生花，糟粕招邀到酒家。酥片满螯凝作玉，金穰镕腹米成沙。"朋友们知道杨万里爱吃糟蟹，经常以此为礼物。江西赵漕子送给杨万里糟蟹，风味极佳，杨万里吃得口滑，心中高兴，专门做了一篇《糟蟹赋》以谢之，现今读来仍然非常风趣：

　　杨子畴昔之夜梦，有异物入我茅屋：其背规而黝，其脐小而白；以为龟又无尾，以为蚌又有足；八趾而双形，端立而旁行；唾杂下而成珠，臂双怒而成兵。寤而惊焉，曰："是何祥也？"召巫咸卦之，遇坤之解，曰："黄中通理，彼其蕴者欤？雷雨作解；彼其名者欤？盖海若之黔首，冯夷之黄丁者欤？今日之获，不羽不鳞，奏刀而玉明，剖腹而金生，使营糟丘，义不独醒，是能纳夫子于醉乡，脱夫子于愁城，夫子能亲释其堂阜之缚，俎豆于仪狄之朋乎？"言未，既有自豫章来者，部署其徒，趋跄而至矣。曷入视之，郭其姓，索其子也。杨子迎劳之曰："汝二浙之裔耶？抑九江之系耶？松江震泽之珍异？海门西湖之风味？汝故无恙耶？小之为彭越之族，大之为子牟之类，尚与汝相忘于江湖之上耶？"于是延之上客，酌以大白，曰："微吾天上之故人，谁遣汝慰吾之孤寂，客复酌我，我复酌客。"忽乎天高地下之不知，又焉知二豪之在侧。

这篇俳谐赋将其得蟹、糟蟹、食蟹饮酒的过程以拟人的方式写出，用赋中设主客的传统方式，在问话的过程中写出蟹的外形、出产地、腌制方式等，不过问答环节除了加入情境的巫咸外，其余都是由杨子完成，蟹仅作为客人形象出现在情境中，最终与主人"客复酬我，我复酬客"①。

至于宋朝老百姓喜欢食蟹的事例也很多。南宋洪迈《夷坚志》里提到了这样几个事例：《夷坚乙志》卷一《蟹山》载，湖州有个姓沙的医生，他的老母亲"嗜食蟹"，每年螃蟹上市之时，天天要买回家几十只，放到大瓮里面让它们乱爬，与儿孙环视。想要吃了，就选择几个扔进锅里。如果把这个老太太一辈子吃的螃蟹都堆到一块，可以堆成一座蟹山。江西洪州也有个老太太好食蟹，她把买来的螃蟹全部糟起来吃。昆山有个姓沈的画家，爱吃蟹，还擅长烹蟹。他一边画画，一边煮蟹卖钱。

北宋都城开封和南宋都城临安都生活着一大批热爱吃蟹的市民百姓。孟元老《东京梦华录》描写北宋都城开封的小吃，说在当时最大的酒楼——潘楼下面，每天早上都有人摆摊卖蟹，螃蟹上市的季节卖鲜蟹，其他季节卖糟蟹。周密《武林旧事》描写南宋都城临安的饮食市场时说，城里卖蟹的商贩太多，以至于不得不成立一个名叫"蟹行"的行业协会。至于该书所载的螃蟹为原料的菜品就有十数种，诸如鳌供、蟹羹、螃蟹清羹、酒蟹、醉蟹、蟹生、洗手蟹等。

宋朝人吃蟹是十分专业的，其烹饪方法日趋多样、精致，有蒸、炒、酿、糟等。有的研究还很深，当时出现了中国最早的两部关于螃蟹的专著，一部是傅肱的《蟹谱》，另一部是高似孙的《蟹略》。这两部书对螃蟹的分类非常细致，其中高似孙《蟹略》将蟹分成 38 种：洛蟹、

① 刘俞廷：《宋代的食蟹风尚与文学书写》，《东南学术》2022 年第 2 期。

美蟹、越蟹、楚蟹、淮蟹、江蟹、湖蟹、溪蟹、潭蟹、潮蟹……不过，他认为"天下第一"的还是西湖蟹。高似孙的《蟹略》和傅肱的《蟹谱》也都提到了宋人会用橙、姜等来解蟹的腥味。以下介绍几种宋代知名的蟹菜：

洗手蟹：类似于今日舟山、宁波一带的"呛蟹"。蟹本是南方水产，可是在东京的食店里却也风行一时。据《东京梦华录》《中馈录》等记载，开封市民往往将活的螃蟹剖开，浇上酒，撒上盐，调以姜、椒及橙汁，然后洗手生吃；或者将活蟹洗静剁碎，放入麻油、草果、茴香、砂仁、花椒、胡椒末，再加入葱、盐、醋和酒，拌匀后即可食用。因为只需要洗手的工夫即可做完，所以时人称这种美味的蟹菜叫"洗手蟹"。这种速腌生蟹的做法，家常而豪爽。"洗手蟹"的绝妙，使诗人苏易简赋诗道："紫髯霜蟹壳如纸，薄萄作肉琥珀髓。主人揎腕斫两螯，点醋揉橙荐新醅。痴祥受生无此味，一箸菜根饱欲死。唤渠试与罐釜底，换取舌头别参起。"苏轼"半壳含黄宜点酒"，说的就是这道菜。此菜至南宋时仍盛行于世，见载于南宋周密《武林旧事》卷九"高宗幸张府节次略"条，为清河郡王张俊进奉高宗酒宴中下酒十五盏之第十盏。今天有仿制，其原料、调料：湖蟹 750 克、姜 100 克、橙子 100 克。白酒 100 毫升、盐 20 克。制法：（1）将蟹洗净，切成小块，用盐腌 1—2 个小时。（2）将姜去皮切成片，橙子切成块，加入蟹中，洒上白酒，拌匀，腌 3—5 天即可食用。特点：蟹肉鲜嫩，异香扑鼻，回味悠长。

蟹酿橙，也就是市民经常所说的"橙酿蟹"，是一道特别出名的菜肴。据南宋林洪《山家清供》卷上所载，蟹酿橙的具体制法是：将黄熟带枝的大橙子，切去顶部，挖去橙子里面的瓤肉，只留下少许汁液，然后用蟹黄、蟹油、蟹肉塞满橙子，再把切下来的橙子顶部带着枝叶盖在原截处，放进小蒸锅中，用酒、醋、水蒸熟。吃时再蘸上醋、姜、盐等调料。这道菜属深秋风味菜，因其制作独特，形质兼美，味道香

蟹酿橙（宋韵婺州府制作，周鸿承指导）

而鲜美，不仅仅满足于口腹之欲，而是赋予一种意境的追求，使人食后领略到了新酒、菊花、香橙、螃蟹色味交融的艺术情趣，深受文人士大夫的喜爱，并从民间进入宫廷。危稹赞蟹说："黄中通理，美在其中；畅于四肢，美之至也。"这道很经典的螃蟹菜肴，后来成为 G20 杭州峰会的国宴菜。

《山家清供》里还有一道"持螯供"，与现代人的烹饪方法十分接近。此菜是将螃蟹放在水里煮熟，佐以酒、醋、葱、芹，"仰之以脐，少俟其凝，人各举一，痛饮大嚼"，就是将蟹肚脐朝天放置，稍等其凝结，每人拿一个，大碗喝酒大口嚼食。持着蟹的大螯饕餮，这种感觉，真是爽极了。

与洗手蟹做法相类似的，还有蟹生、酒蟹、醉蟹等，这几种蟹菜做法略有差别，风味也有微妙的不同。

蟹生：把蟹治净，用刀剁碎，什么蟹黄、蟹膏、蟹螯、蟹肉统统不管，剁得跟烂泥似的，然后铲到盆里，用盐、醋、花椒、茴香、橙汁、蒜泥之类的十几味香料调料拌一拌，抖匀，再浇上煮熟放冷的麻油，直接就吃。这道非常生猛的"大菜"，叫做"蟹生"。浦江吴氏《中馈录》载其制法："用生蟹剁碎，以麻油先熬熟冷，并草果、茴香、砂仁、花椒末、水姜、胡椒俱为末，再加葱、盐、醋共十味入蟹内，拌匀，即时可食。"这种吃法在宋朝非常流行，甚至连皇帝的御宴上都会出现生腌螃蟹。

酒蟹，则是在十二月，用清酒和盐把蟹浸一夜，取出螃蟹排出的脏物再做加工。

醉蟹，又名醃蟹，用酒把螃蟹灌醉，充满生命活力的肉，借酒味去腥。古人有《蟹》诗："藉糟行万里，醉死甘为戮。"螃蟹借着酒醉横行万里，醉倒不省人事，甘被端上餐桌。写得醉蟹有点豪气干云。高似孙也写有一诗："魂迷杨柳滩头月，身老松花瓮里天。不是无肠今曲蘖，要将风味与人传。"吴氏《中馈录》载有醉蟹的制法："香油入酱油内，亦可久留不砂。糟、醋、酒、酱各一碗，蟹多，加盐一碟。又法：用酒七碗、醋三碗、盐二碗，醉蟹亦妙。"

糖蟹：是一种以糖为主要配料制作的蟹菜。在古代，糖产量不高，故用糖制作糖蟹，是比较奢侈的事，因此，糖蟹为高档的特色菜。《南史》卷三〇《何尚之传》记载，南朝何胤在美食上十分奢侈浪费，何胤门下的下属钟岏说："蟹之将糖，躁扰弥甚。仁人用意，深怀恻怛。"意思是蟹放入糖中，腌得非常痛，身体挣扎得厉害。仁人君子会有恻隐不忍之心。北宋人陶榖《清异录》中记载"炀帝幸扬州，吴中贡糖蟹"。吴郡贡的螃蟹，可能就是当地的大闸蟹。沈括在其著作《梦溪笔谈》卷二四也记载了吴郡贡蜜蟹："大业中，吴郡贡蜜蟹二千头。"然后沈括还分析了一下这一风味的来源："大抵南人嗜咸，北人嗜甘，鱼蟹加糖蜜，盖便于北俗也。"宋代这种糖蟹仍存，当时的文人多有描述，如宋祁说"糖蟹佐寿杯"，黄庭坚说"海馔糖蟹肥"，苏舜卿说"霜柑糖蟹新醅美，醉觉人生万事非"，陆游说"磊落金盘荐糖蟹，纤柔玉指破霜柑"。他们认为，糖蟹和霜后的柑橘、新酿的酒一起吃，吃醉之后，人生万般烦恼都没了。

蟹齑，这道菜是将蟹捣碎去壳，蟹黄、蟹肉捣成泥，然后进行腌制，以橙子为主要调料来解腥提鲜。宋代沈偕《遗贾耘老蟹》诗："黄粳稻熟坠西风，肥入江南十月雄。横跪蹒跚钳齿白，圆脐吸胁斗膏红。齑须园老香研柚，羹藉庖丁细擘葱。分寄横塘溪上客，持螯莫放酒杯空。"柚子、橙子、葱等都有去腥作用，实际上扮演了醋的角色（兼有一点糖的角色）。吃货陆游在《饭罢戏作》诗中说："南市沽浊醪，浮蛆甘不坏。东门买彘骨，醢酱点橙齑。蒸鸡最知名，美不数鱼蟹。轮囷犀浦芋，磊落新都菜。"这是对橙子酱的肯定，橙子酱可以点化肉酱的灵魂。高似孙诗中则说"橙香适蟹齑""橙入蟹偏香"，认为橙的清香最适合与蟹搭档。

蟹酱，是用蟹肉制成的酱，江浙部分地区善制此品，北宋苏颂《本草图经》提到蟹"以盐淹之作蟹蝑"的方法。崔德符诗："团脐紫蟹初欲尝，染指腥盐还复辍。"做蟹酱，《蟹略》说吴江地区的人精于此道，吴江和湖州的蟹的质量也是最好的。古诗中又有"金膏盐蟹一团红"，可见盐腌过的蟹黄，应该和咸鸭蛋黄一样是红色的。

蝤蛑签，是皇帝赐给太子的一道菜，是用海蟹肉黄制成的条状食品。

糟蟹，顾名思义就是用酒糟腌制的蟹。《蟹略》其"糟法：茱萸一粒置脐中，经年不沙。"即把茱萸放在蟹脐中，可以保存味道更久。苏轼《老饕赋》中一句"蟹微生而带糟"，即指此菜。当时糟蟹有口诀，即："三十团脐不用尖，陈糟斤半半斤盐，再加酒醋各半碗，吃到明年也不腌。"曾几《糟蟹》诗赞道："风味端宜配曲生，无肠公子藉糟成。

可怜不作空虚腹，尚想能为郭索行。张翰莼鲈休发兴，洞庭虾蟹可忘情。君看醉死真奇事，不受人间五鼎烹。"

煮蟹：煮蟹为民间最为习见的烹制方法，一般在清水中煮熟即可食用，这是人类掌握火种之后最习以为常的烹饪方式。洪迈《夷坚志戊》卷四《张氏煮蟹》载："平江细民张氏，以煮蟹出售自给，所杀不可亿计。"煮蟹青色蛤蜊脱丁，也是一种"煮蟹"烹饪方法制成的蟹菜。吴氏《中馈录》载其制作方法："用柿蒂三五个，同蟹煮。色青后，用枇杷核内仁同蛤蜊煮脱丁。"

蟹羹的制作，高似孙《蟹略》中没有细说，但在《事林广记》别集《饮馔类》曾提及北宋时中原饭店常做一道"螃蟹羹"：先把螃蟹治净，再剁成四段，扔开水锅里煮到蟹肉发红，最后撒盐浇醋，喝蟹汤，吃蟹肉。北宋宋祁《吴中友人惠蟹》诗："秋水江南紫蟹生，寄来千里佐吴羹。"高似孙《誓蟹羹》诗："年年作誓蟹为羹，倦不能支略放行。"说自己每年都发誓自己做蟹羹，但是总因为懒，想想还是算了吧！

此外，在《东京梦华录》中还有炒蟹和炸蟹的记载。据《东京梦华录》卷二《饮食果子》所载，"炸蟹"做法如下：大蟹洗净，去沙，剁去爪尖，剔去内脏，剁成四段，撒上面粉，搁油锅里炸黄，然后捞出来控油，蘸着面酱，连壳带肉，咯吱咯吱大嚼。但这样吃蟹实在是不得法，把螃蟹独有的鲜味儿全部给弄没了，令人哭笑不得。

（四）餐桌黄金，海珍之冠

螺贝类菜肴在以前的基础上有了进一步的发展，有撺香螺、酒烧香螺、香螺脍、熬螺蛳、姜醋生螺、香螺炸肚、江瑶清羹、酒浇江瑶、生丝江瑶、酒掇蚝、生烧酒蚝、姜酒决明、五羹决明、蛏酱、三陈羹决明、签决明、四鲜羹、生蚶子、炸肚燥子蚶、枨醋蚶、五辣醋蚶子、蚶子明芽肚、蚶子脍、酒烧蚶子、蚶子辣羹、酒焓鲜蛤、蛤蜊淡菜、冻蛤蜊、蛤蜊肉等，品种达 20 多种。这些菜深受人们的喜爱。一些人亦专门以此为业，如洪迈《夷坚志丁》卷三《张四海蛳》："临安荐桥门外太平桥北细民张四者，世以鬻海蛳为业。每浙东舟到，必买而置于家，计逐日所售，入盐烹炒。杭人嗜食之，积戕物命百千万亿矣。"又，《夷坚丁志》卷八《胡道士》："胡五者，宜黄细民……以煮螺师（蛳）为业，必先揭其甲，然后烹之。"

鲍鱼，宋代称为鳆鱼、决明等，为螺类的一种，是名贵高档的"海珍品"之一，肉质坚实细嫩，味道鲜美，营养丰富，具有益精明目、滋阴清热、温补肝肾的食疗功效，是名贵的海洋食用贝类，被誉为"餐桌黄金，海珍之冠"。其食用的历史非常悠久，至少从汉朝时就已经在上层人物的餐桌上风行。这就是苏轼在《鳆鱼行》里所提到的"两雄一律盗汉家，嗜好亦若肩相差"。诗中的"两雄"，便是篡了西汉的王莽与篡了东汉的曹操。两人都有一个爱好，喜欢吃鳆鱼。宋朝人笔下的鲍鱼叫"鳆鱼"，当时出产鳆鱼的地方比较多，广东、浙江、福建都有出产，只是没有山东出产鳆鱼有名罢了。李彭《食鳆鱼戏呈夏侯》诗称其"此鱼一尾售数千"。诗人、美食家陈师道对海鲜颇有研究，他在《后山谈丛》卷二中认为大宋境内有四绝，即：洪州的双井茶、越州的日注茶、明州的江珧柱和登州的鳆鱼。这四绝之中，又数登州的鳆鱼最为难得。苏轼曾在写给朋友滕达道的一封信中说："鳆鱼三百枚、黑金棋子一副、天麻煎一部，聊为土物。"意思是说，他给人家寄过去三百只鲍鱼以及别的名贵土产。那时候，人们对海珍品开始品头论足，好事者甚至排列其美食位次，不少人已将鳆鱼奉为海珍之首，是非常贵重的食品。"老饕"苏轼在登州（今山东烟台一带）做知州，而鳆鱼是登州最有名的特产。他有幸在当地吃到了鳆鱼，简直赞不绝口。在他看来，酒席宴上鳆鱼是压倒一切的美肴，过去被人津津乐道的肉芝、石耳、醋苤、鱼皮等佳肴，若与鳆鱼相比都得甘拜下风。葛胜仲在湖州、杭州等地当官，却想方设法向登州一带当官的同僚弄些鳆鱼尝尝。他有一首很直白的诗，诗题就是《从人求鳆鱼》：
"海邦郱莒固多品，此族称珍乃其伯。渳泉湘瀹付饔宰，姜桂煎调奉佳客。……昔官余杭饱下箸，两载杯盘厌凡核。朅来瑕丘问鲑菜，樽俎遍索未云获。愿从褚公弃千万，免使刘郎鞭二百。"我们杭州海鲜也很多，我也尝遍许许多多的海鲜，不过还是你们这里的鳆鱼珍贵啊！此公对美食的渴望，可以说是很诚实了。宋朝杨彦龄在《杨公笔录》中也说："鳆鱼之珍，尤胜江珧柱，不可干至故也。"鲜美江珧柱（干贝）够珍贵了吧？但吃过鳆鱼后，才知鳆鱼之鲜美珍贵更胜于江瑶柱。这是因为江珧柱适合制成干货，风味不减，鳆鱼只适合鲜吃，一做成干货就会失去原来的味道，而鲜货不好运，所以更显出鲍鱼的珍贵。宋朝常年从日本输入的"倭螺"，是一种日本出产的鲍鱼。北宋人可以在东京汴梁买到倭螺，就像我们可以在大型超市里买到物美价廉即开即食的吉品鲍一样。苏东坡《鳆鱼行》长诗对此做了详细的描述，极力向大家推荐鲍鱼的美味，说它的滋味胜过肉芝石耳、醋芼鱼皮，甚至他还声称鲍鱼有很好的医疗效果，对眼力有好处。南宋时，人们就偏爱活鲍鱼。南宋周密《癸辛杂识》后集《桐蕈鳆鱼》载："余尝于张称深座间，有以活鳆鱼为献，其美盖百倍于槁干者。盖口腹之嗜，无不极其至，人乳蒸肫，牛心作炙，古今皆然也。"当时相关的菜肴有决明兜子，其制法是先把涨发、煨烂好的鲍鱼切成骰子丁，配入花菇、冬笋丁加调料炒制成馅，再用绿豆粉皮包裹成三角形入笼屉蒸熟，上席时佐以姜米、香醋味碟，鲜美爽口。

蛤蜊，俗名海蚌，亦名蹼螺、蠃母。"生东南海中，白壳紫唇，大二三寸，闽浙人以其肉充海错"，为南方著名的海产品。其品种有西施舌、凹线蛤蜊和四角蛤蜊等，以味道鲜美著称于世。宋代文人士大夫多有诗词称颂，如吕本中《西施舌》诗："海上凡鱼不识名，万千生命一杯羹。无端更号西施占，重与儿曹起妄情。"孔平仲《朱君以建昌霜橘见寄报以蛤蜊》自序："赠我以海昏清霜之橘，报君以淮南紫唇之蛤。"诗中描述说："橘肤软美中更甜，蛤体坚顽口长合。开花结子幸采摘，没水藏泥岂薪得。二物同时有不同，赋形与性由天公。请君下箸聊一饱，莫索珠玑向此中。"

牡蛎，又称蚝、蛎黄、蛎房等。为一种味道鲜美的贝类动物，分布于沿海滩涂上。在宋代，人们已开始采用"插竹养蚝"的方法人工养殖牡蛎。其产品，深受人们的喜爱。苏轼贬至惠州时，初食牡蛎而觉味美，还致函其弟苏辙说："无令中朝士大夫知，恐争谋南徙，以分其味。"非常风趣地说要把此味据为己有，且以禁脔视之了。

江珧又称江瑶、大海红，为一种贝类软体动物，分布于东南沿海地区，以味道鲜美闻名于世。由江珧的闭壳肌加工而成的称干贝，又称江珧柱、江瑶柱、车螯等，俗谓红蜜丁。苏轼贬官海南琼州时，曾品尝过干贝，深为其鲜美的味道而倾倒，后写有《江珧柱传》一文，认为江珧之味要胜过民间传说的龙肝、凤髓等仙菜。其文说：

乡间尤爱重之。凡岁时节序、冠婚庆贺，合亲戚，燕朋友，必延为上客，一不至，则慊然皆云无江生不乐。……至于中朝达官名人游宦东南者，往往指四明为善地，亦屡属意于江生。……方其为席上之珍，风味蔼然，虽龙肝凤髓，有不及者。

绍圣三年（1096），"始诏福唐与明州岁贡车螯肉柱五十斤，俗谓之红蜜丁，东坡所传江瑶柱是也"。①

香蠃，即香螺，为沿海地区所产的一种肉味鲜美的贝类动物。宋代螺类菜肴有揎香螺、酒烧香螺、香螺脍、香螺炸肚等多种。

（五）鲜美无比的虾菜

① 吴曾：《能改斋漫录》卷一五《方物·车螯》，上海古籍出版社，1960年，第439页。

〔南宋〕法常《水墨写生图卷》中的河虾

明州籴虾脯

虾菜品种多达二三十个，其中深受宋人欢迎的有撺望潮青虾、酒法青虾、青虾辣羹、虾鱼肚儿羹、酒法白虾、紫苏虾、水荷虾儿、虾包儿、虾玉鳝辣羹、虾蒸假奶、查虾龟、水龙虾鱼、虾元子、麻饮鸡虾粉、芥辣虾、虾茸、姜虾米、鲜虾蹄子脍、虾枨脍等。如酒腌虾，吴氏《中馈录》载其制法："用大虾，不见水洗，剪去须尾。每斤用盐五钱，腌半日，沥干，入瓶中。虾一层，放椒三十粒，以椒多为妙。或用椒拌虾，装入瓶中，亦妙。装完，每斤用盐三两，好酒化开，浇入瓶内，封好泥头。春秋，五七日即好吃。冬月，十日方好。"其特点是肉味鲜美无比。

（六）人间玉食——沙地马蹄鳖

鳖，学名甲鱼，又名元鱼、水鱼，系爬行动物，生活在水中，形状有点像龟，但背甲上有软皮延伸至背甲外。人们常见的比较熟悉的有太湖鳖、黄沙鳖、黄河鳖等品种。鳖的肉和卵都可以吃，背甲可入药。它是宋人喜爱的滋补食品。苏颂《本草图经》虫鱼上卷第十四载："鳖，生丹阳池泽，今处处有之，以岳州、沅江其甲有九肋者为胜。……其肉食之亦益人，补虚，去血热。但不可久食，久食则损人，以其性冷耳。"宋代的鳖，以皖南山区徽州、休宁一带出产为佳，这里山高背阴，溪水清澈，浅底尽沙，所产之甲鱼质地高出一等，腹色青白，肉嫩胶浓，无泥腥气，当地民谣说："水清见沙底，腹白无淤泥，肉厚背隆起，大小似马蹄"，故名"沙地马蹄鳖"。梅尧臣对马蹄鳖就有很高评价，其《宣州杂诗》之一六写道："北客多怀北，庖羊举玉碗。吾乡虽远处，佳味颇相宜。沙地马蹄鳖，雪天牛尾狸。寄言京国下，能有几人知。"从此以后，"沙地马蹄鳖"名留"美食谱"，与"雪夫牛尾狸"一起成为歙地代表菜。罗大经《鹤林玉露》卷一一载："杨东山尝为余言：昔周益公、洪容斋尝侍寿皇宴。因谈肴核，上问容斋：'卿乡里何所产？'容斋，番阳人也，对曰：'沙地马蹄鳖，雪天牛尾狸。'"这里的"寿皇"，

〔宋〕佚名《蓼龟图》

即宋高宗赵构。当然，其他地方也多有食鳖的现象，如洪迈《夷坚甲志》卷二《鳖报》载："承节郎怀景元，钱塘人。宣和初，于秀州多宝寺为蔡攸置局应奉，性嗜鳖。一卒善庖，将烹时，先以刀断颈沥血，云味全而美。"又，《夷坚志丁》卷一〇《潘元宁鳖梦》："潘元宁者，青田木溪乡人，好宾客。嗜食鳖。凡溪潭之侧，擉捕有得，必售之。"此种鳖烹调时很有讲究，一般采用清炖的烹饪方法制作而成，与火腿及火腿骨同炖以佐味。其制作方法和特点是：马蹄鳖宰杀后，去除内脏，将整只鳖放在砂锅内，并放入葱、姜、酒、盐等调料；置木炭风炉火上，先用大火烧开，后放冰糖提鲜，再在小火上细炖一个小时左右，把鳖炖得浓汤似奶。此道菜奇香扑鼻，汤醇胶浓，裙边滑润，原汁原味，肉质肥嫩酥烂，味道鲜美，且无泥土之腥气，令人垂涎，充分体现了徽菜的风味。至今，"清炖马蹄鳖"和"火煲果子狸"就作为徽帮烹调特色的代表作品，并名为"歙味双璧"而著称于世。

三、蔬菜类菜肴

宋代蔬菜生产得到了迅速的发展，这主要体现在以下几个方面：一是蔬菜品种的增多；二是蔬菜生产的专业化和市场化。据《东京梦华录》《梦粱录》《本草图经》等书记载，宋代的蔬菜品种比过去有

〔宋〕许迪《野蔬草虫图》

了较大的增多，已达近百种。其中主要有苔心野菜、矮黄、大白头、小白头、夏菘、黄芽、芥菜、生菜、菠薐菜、莴苣、苦荬、葱、薤、韭、大蒜、小蒜、紫茄、水茄、梢瓜、黄瓜、葫芦（又名蒲芦）、冬瓜、瓠子、芋、山药、牛蒡、茭白、蕨菜、萝卜、甘露子、水芹、芦笋、鸡头菜、藕条菜、姜、姜芽、新姜、老姜、菌、甜瓜、越瓜、茋实、芜菁、蓼实、马蓼、水蓼、木蓼、白蘘荷、苏、水苏、假苏、香薷、石香菜、薄荷、胡薄荷、石薄荷、繁缕、鸡肠草、蕺菜、马齿苋、竹笋、紫笋、边笋等。

宋代蔬菜的烹制技术达到了较高的技术水平，这体现在以下几个方面：第一，同一种类的蔬菜，可以根据不同节令，食用不同的部分。第二，用蔬菜制作的菜肴，品种极其繁多；第三，调味品在蔬食中广泛运用；第四，出现了以素托荤、荤素结合的新型风味菜式，使蔬菜更富滋味。据统计，宋代蔬菜菜肴的品种当在 100 种以上，其中仅周密在《武林旧事》卷六《菜蔬》中就列有姜油多、薤花茄儿、辣瓜儿、倭菜、藕鲊、冬瓜鲊、笋鲊、茭白鲊、皮酱、糟琼枝、莼菜笋、糟黄芽、糟瓜虀、淡盐虀、鲊菜、醋姜、脂麻辣菜、拌生菜、诸般糟腌、盐芥等 20 余道素菜食品。林洪《山家清供》所载 104 种食品，绝大多数也是蔬菜食品。此外，陈达叟所编的《本心斋蔬食谱》载有民间蔬菜 20 种。下面择要给以介绍。

（一）竹笋："天下第一蔬"

竹笋，为一种根茎类蔬菜烹饪原料，享有"天下第一蔬"的美称。在宋代，其品种极其繁多，宋初僧人赞宁《笋谱》一书总结了历朝历代流传下来的笋的名字以及其形态、生长特性、产地、产出时间、栽培技巧、烹制经验等。据该书所载，主要供食用的竹笋，按产地等分有旋味笋、筀笋、钓丝竹笋、木竹笋、庐竹笋、对青竹笋、慈母山笋、锺龙竹笋、汉竹笋、邻竹笋、少室竹笋、新妇竹笋、茎竹笋、篁竹笋、鸡头竹笋、

〔宋〕佚名《竹石图》，画中有竹笋

服伤笋、狗竹笋、慈竹笋、棘竹笋、鸡胫竹笋、扁竹笋、篆竹笋、水竹笋、古散竹笋、秋芦竹笋、鹤膝竹笋、石箈竹笋等30余种。按品味，分为苦笋、淡笋2种。按采获季节又可分为冬笋（腊笋）、春笋和夏初的笋鞭，其中品质以冬笋最佳，春笋次之，笋鞭最劣。

宋人食笋，可谓是情有独钟。周密《齐东野语》卷一四《谏笋谏果》载："里人喜食苦笋……入冬掘苦笋萌于土中，才一寸许，味如蜜蔗，初春则不食，惟僜道人食苦笋。四十余日出余土尺余，味犹甘苦相半。"许多文人墨客对笋入馔赞赏不已，不仅将新鲜的竹笋当作一种美食，以其特有的时节性与鲜嫩的口感作为钱行酒席上最好的蔬菜，更是将其视作一种"雅食"。如北宋苏轼不仅爱笋懂笋，而且还对竹笋的鲜美大加赞赏，他在《於潜僧绿筠轩》诗中说："可使食无肉，不可居无竹。无肉令人瘦，无竹令人俗。人瘦尚可肥，士俗不可医。"由此，他成为了竹笋的终极爱好者。史载他刚到黄州时，初遇漫山遍野冒出的春笋，不由得连连惊叹："自笑平生为口忙，老来事业转荒唐。长江绕郭知鱼美，好竹连山觉笋香。"（《初到黄州》）他嗜笋如命，且能把笋品出"味外之味"，其《送笋芍药与公择二首》之一："久客厌虏馔，枵然思南烹。故人知我意，千里寄竹萌。骈头玉婴儿，一一脱锦褓。庖人应未识，旅人眼先明。我家拙厨膳，鬻肉芼芜菁。送与江南客，烧煮配香粳。"又《和黄鲁直食笋次韵》："饱食有残肉，饥食无余菜。纷然生喜怒，似被狙公卖。尔来谁独觉，凛凛白下宰。一饭在家僧，至乐甘不坏。多生味蠹简，食笋乃余债。萧然映樽俎，未肯杂菘芥……"其中心意思是说我们吃笋是亏欠竹子的，内心是愧疚的。这表现了苏轼对大自然的尊重与爱惜，凝聚了他对竹笋的爱恋。

苦笋也是山野菜蔬中的尤物，味道鲜美，营养丰富，只是略带苦味，用酷爱吃苦笋的黄庭坚的话，说是"小苦而及成味，温润积密，多啗而不疾人"。黄庭坚在《从斌老乞苦笋》乞诗中直观描写说："南

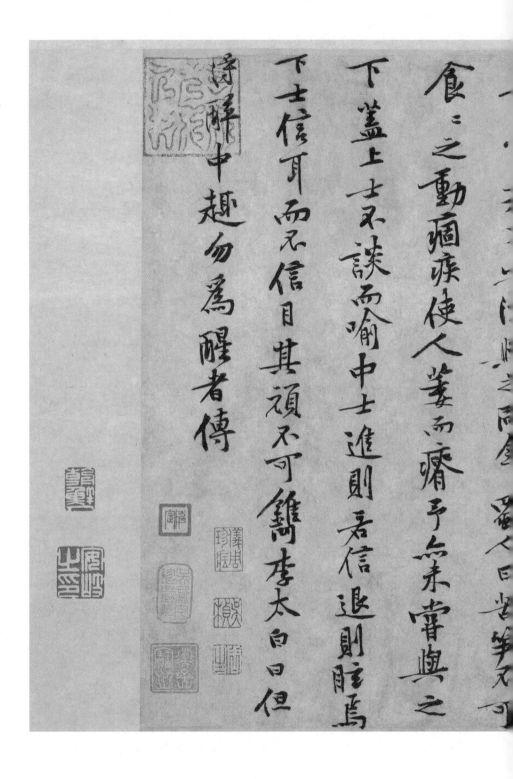

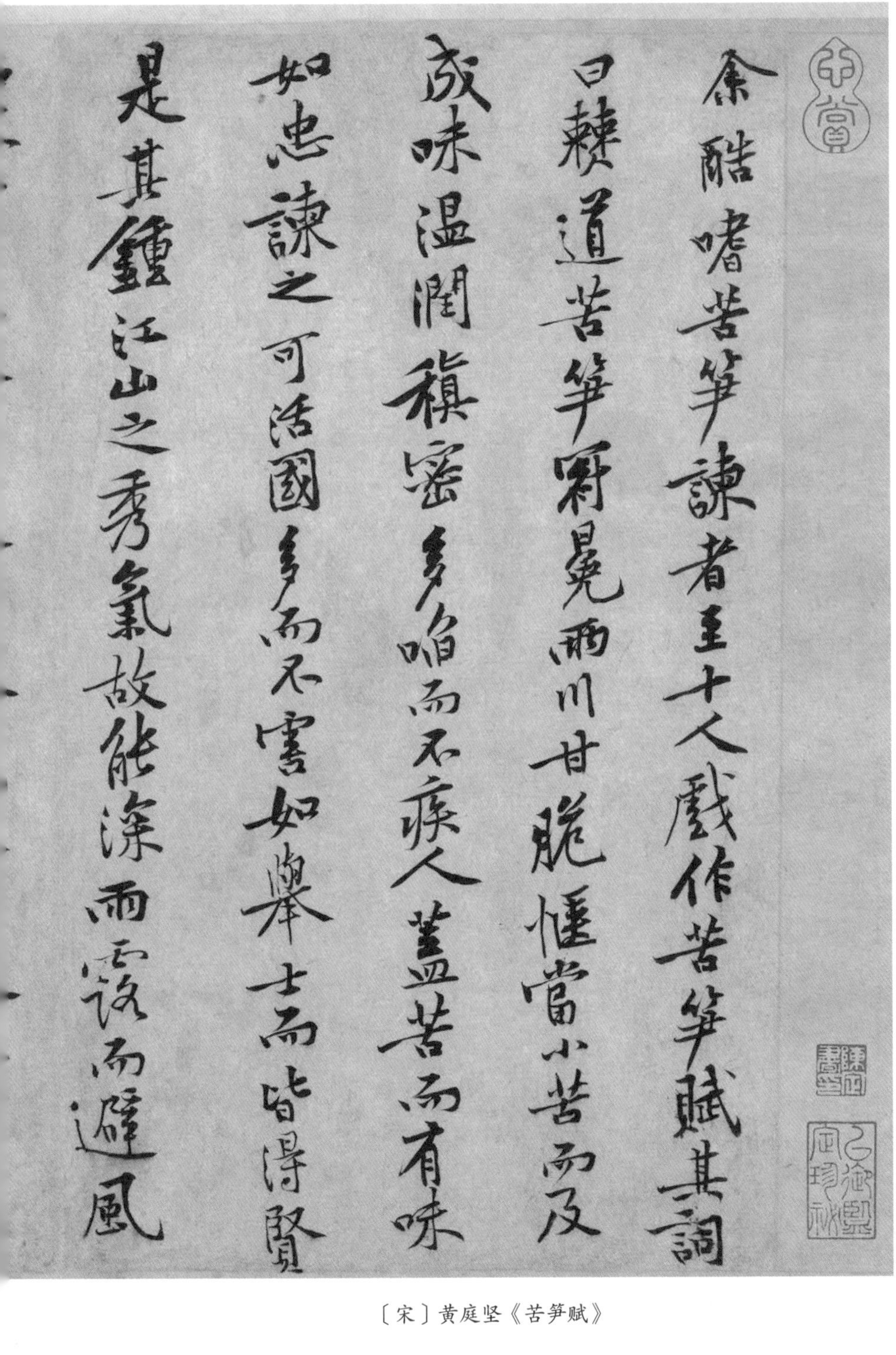

余酷嗜苦笋諫者至十人戲作苦笋賦其詞曰僰道苦笋冠冕兩川甘脆惬當小苦而及成味温潤稹密多啖而不疾人蓋苦而有味如忠諫之可活國多而不害如舉士而皆得賢是其鍾江山之秀氣故能深雨露而避風

〔宋〕黄庭坚《苦笋赋》

139

园苦笋味胜肉，笼籖称冤莫采录。烦君更致苍玉束，明日风雨吹成竹。"
南园上的苦笋胜比肉美，采笋如捉小龙一般，捉不住就要化作千竿青竹
了，其可掬之态跃然纸上。其《食笋十韵》一诗更是大力赞美南方的苦笋，
还提到了蔬笋与菌类、木耳、禽肉等其他食材的绝妙搭配。他还兴冲
冲地写有《苦笋赋》一文，意思是说：僰道产的苦笋，在两川中名列
前茅。它甜脆爽口，微苦却有滋味；它温润细密，多吃不会伤人身体。
又说："盖苦而有味，如忠谏之可活国；多而不害，如举士而皆得贤。"
把吃苦笋上升到政治的高度了。他写的《苦笋赋》一文墨迹留存了下
来，至今已经成了中国书法史上的著名法帖。他还在《春阴》中形象
描绘了春笋："竹笋初生黄犊角，蕨芽初长小儿拳。试寻野菜炊春饭，
便是江南二月天。"说采挖出来的春笋就像弯弯的牛角，初生的蕨菜
像极了小孩子举起的拳头，
这就是二月早春的样子，这
就是野蔬春饭的鲜香啊！

　　大诗人陆游也对竹笋情
有独钟，将竹笋视为"天厨
仙供"，并在《周洪道招食
江西笋归为绝句》诗中誉其
为"色如玉版猫头笋，味抵
驼峰牛尾狸"。他认为，竹
笋"味薄至味足"，无需过
分烹调，竹笋就可以最大限
度地发挥出其本味。杨万里
还在《记张定叟煮笋经》中
详细记述了老友的煮笋之法：
"江西毛笋未出尖，雪中土

陆游像

膏养新甜。先生别得煮箦法，叮咛勿用醯与盐。岩下清泉须旋汲，熬出霜根生蜜汁。寒牙嚼出冰片声，余沥仍和月光吸。菘羔楮鸡浪得名，不如来参玉版僧。醉里何须酒解酲，此羹一碗爽然醒。大都煮菜皆如此，淡处当知有真味。先生此法未要传，为公作经藏名山。"杨万里该诗将煮笋吃笋写得活灵活现，教人垂涎欲滴。他认为煮笋不加油盐，直接素食，才可品出笋的"真味"。还说笋汁是解酒妙药，这是对宋代煮笋、食笋等的精彩总结。杨万里《晨炊杜迁市煮笋》一诗也说竹笋之美味："金陵竹笋硬如石，石犹有髓笋不及。杜迁市里笋如酥，笋味清绝酥不如。带雨斫来和箨煮，中含柘浆杂甘露。可齑可脍最可羹，绕齿蔌蔌冰雪声。不须咒笋莫成竹，顿顿食笋莫食肉。"由此可见，宋朝竹笋凭借脆嫩清爽的口感赢得了自己在美食界的一席之地。

煨竹笋"傍林鲜"是宋代一道知名的特色风味菜。在春末夏初，林中的竹笋长得正好，人们就在竹笋旁边扫起竹叶点火，煨熟竹笋，因此这道菜取名为"傍林鲜"。林洪《山家清供》载文同任临川任职时，有一天中午正和家人吃煨笋，忽然收到苏东坡的书信，信中附了一首诗："相见清贫馋太守，渭川千亩在胃中。"文同看到信里苏轼打诨取笑自己吃了很多竹笋，联想到自己正好吃着煨竹笋，时机十分的巧合，于是笑得把米饭喷了一桌子。林洪认为，笋贵在鲜美甘甜，不必和肉一块吃，否则败坏了君子的口味，并引用了苏轼《於潜僧绿筠轩》中"若对此君仍大嚼，世间哪有扬州鹤"的诗句，来说明吃笋是一件特别美好的事情。

（二）席上之珍食用菌

菌，即蘑菇，味道鲜美。《梦粱录》卷一八《物产·菜之品》载："菌，多生山谷，名黄耳蕈。……盖大者净白，名玉蕈；黄者名茅蕈；赤者名竹菇。若食须姜煮，姜黑勿食。"而南宋陈仁玉的我国第一部有关食用菌的专著《菌谱》中载有作者家乡的合蕈、稠膏蕈、栗壳蕈、松蕈、竹蕈、麦蕈、玉蕈、黄蕈、紫蕈、四季蕈、鹅膏蕈等11种食用菌，并详细介绍了他们的产地、特征、生长环境和烹饪制作方法，还特别强调了毒菌的识别方法。合蕈即今日所说的香菇，又称香菌、香蕈、香信、冬菰，是一种含特异芳香物质鸟嘌呤的食用菌。陈仁玉《菌谱·合蕈》云："邑极西韦羌山，高迥秀异，寒极雪收，林木坚瘦，春气微欲动，土松芽活，此菌候也。菌质外褐色，肌理玉洁，芳香韵味，发釜鬲，闻百步外。盖菌多种，例柔美皆无香，独合蕈香与味称，虽灵芝、天花无是也，非全德耶！宜特尊之，以冠诸菌。合蕈始名台菌，旧传昔尝上进，标以台蕈，上遥见误读，因承误云。数十年来，既充苞贡，土人得善价，率曝干以售，罕获生致，邑孟溪山中亦同时产，惟蕈柄高无香气，土人以是别于韦羌焉。"稠膏蕈，据陈仁玉《菌谱》载；"邑西北孟溪山，窈邃深莫测，秋中山气重，霏雨零露浸酿，山膏木腴，蓓为菌花，戢戢多生山绝顶高树杪。初如蕊珠圆莹，类轻酥滴乳，浅黄白色，味尤甘胜。已乃伞张大几掌，味顿渝矣。春时亦间生，不能多。稠膏得名，土人谓稠木膏液所生耳。合蕈他邦犹或有之，此菌独此邑此山所产，故尤可贵。鬻法当徐下鼎沈，伺洎沸漉起，谨勿匕挠，挠则涎腥不可食。性参和众味，而特全于酒。烹齐既调，温厚滑甘，雉尾莼不足道也。或欲致远，则复汤蒸熟，贮之瓶罂，然其味去出山远矣。"杨万里是一个有经验的吃货，他的经验是最美味的蘑菇是那种还没有完全长开的，即所谓的"钉"。酒煮玉蕈是一道以新鲜白蘑菇为主料合酒煮成的美味佳肴，具有鲜香嫩软的特点。林洪《山家清供》卷下载其法："鲜蕈净洗，约水煮，少熟，乃以好酒煮。或佐以临漳绿竹笋，尤佳。施芸《隐枢玉蕈》诗云：'幸从腐木出，敢被齿牙私。真有山林味，难教世俗知。香痕浮玉叶，生意满琼枝。饕腹何多幸，相酬独有诗。'

今后苑多用酥炙，其风味犹不浅也。"

（三）煨芋味美敌熊蹯

芋即芋艿，又名土芝，糯软清香，粘滑爽口。芋艿吃法多样，既可当菜，又可代粮，也可做桂花糖芋艿等甜食。宋代民间曾流传着一首赞美芋头的歌谣："深夜一炉火，浑家团圞坐。煨得芋头熟，天子不如我。"（林洪《山家清供》）陆游平生对芋艿情有独钟，曾作诗称赞："食常羹芋已忘肉，年迫盖棺犹爱书"（《村翁》），"烹栗煨芋魁，味美敌熊蹯"（《送客》），把芋艿写成比肉和熊掌还要味美，可见芋艿的魅力。在饥荒之年，芋艿还可代粮度过凶年。陆游《蔬园杂咏·芋》诗："陆生昼卧腹便便，叹息何时食万钱。莫诮蹲鸱少风味，赖渠撑柱过凶年。"其制法，可以煨，如陆游《闭户》诗："地炉枯叶夜煨芋，竹筧寒泉晨灌蔬"，盛赞煨毛芋独特风味。宋菜中的"土芝丹"，其实就是煨芋头。林洪写这道菜时，引用了唐代衡岳寺里懒残禅师煨芋头的故事，说是禅师正用牛粪火煨芋头，有人前来请他，他拒绝说："尚无情绪收寒涕，哪得工夫伴俗人。"可见他真的非常喜欢煨芋头吃，甚至在寒冷的冬天连自己的鼻涕流出来了都顾不上收回去。别人来请他参加活动，他更是直接拒绝——因为要吃煨芋头。对懒残禅师来说，吃芋头是头等大事，鼻涕、俗人都是小事，不值得一提。林洪《山家清供》载有煨芋的方法及食用功效，如："大者，裹以湿纸，用煮酒和糟涂其外，以糠皮火煨之。候香熟，取出，安坳地内，去皮，温食。冷则破血，用盐则泄精。取其温补，名土芝丹。""小者曝干入瓮，候寒月用稻草盦熟，色香如栗，名土栗。雅宜山舍拥炉之夜供。"酥黄独是一道以芋艿为主料制成的民间佳肴。据《山家清供》卷下载，其制法是，将煮熟的芋艿切成一片片，然后再将榧子、杏仁研碎，和入酱料，一起用面糊拖过油煎，煎时别太过分。吃时妙不可言。有诗赞道："雪翻夜钵裁成玉，春化寒酥剪作金。"

芋艿也可以做羹，苏东坡平生喜欢吃芋头做成的羹，其《玉糁羹》诗赞美说："香似龙涎仍酽白，味如牛乳更全清。莫将南海金齑脍，轻比东坡玉糁羹。"

（四）香色俱佳元修菜

元修菜，为生长在四川的一种野生豌豆，当地称之为大巢菜、紫萁、野豌豆、元修菜、野苕子、野鸡头、扫帚菜。现代名称"薇菜"，有清热利湿等功能。可新鲜食用，亦可制成干菜。鲜的清香，可炒、可烧、可羹、可汤；干的清香犹存，可入馔，可熬粥。北宋元丰六年（1083），巢谷（字元修）受同乡挚友苏轼的委托，专程从四川带来野生的豌豆种，在黄州东坡的田间地头上随意播撒，这不但满足了苏轼的思乡之情，还满足了他的口福之欲。苏轼向黄州人介绍此菜时，称其为"元修菜"。苏轼《元修菜》诗中所说"点酒下盐豉，缕橙芼姜葱"，讲的是烹调方法。他制作元修菜时，取其嫩芽为原料，将它洗净后放入锅中烹熟，然后加入卤盐，拌入豆豉、葱花、姜汁。成品香色俱佳，用来下酒，美味胜过鸡肉、猪肉。后人将东坡元修菜的制作改进，出现了四川传统名菜"苕菜狮子头"。林洪读到苏轼《元修菜》一诗中"豆荚圆而小，槐芽细而丰"一句时，不知其菜，他想弄明白这菜到底是什么，曾多次向老菜农询问，结果没人知道。有一次，永嘉郑文干从蜀地回来，林洪登门向他请教，才知道苏轼所说的"元修菜"就是蚕豆，也叫豌豆苗，四川人叫作巢菜。豆苗嫩时，采来做菜。陆游曾在四川做官，生活过一段时间，对当地的元修菜非常熟悉。其《巢菜》诗序说："蜀菜有两巢：大巢，豌豆之不实者；小巢，生在稻畦中，东坡所赋元修菜是也。吴中绝多，名漂摇草，一名野蚕豆，但人不知取食耳。予小舟过梅市得之，始以作羹，风味宛如在醴泉蟆颐时也。"他在家乡得到这种小巢菜后，曾自候小炉，

〔宋〕佚名《豆荚蜻蜓图》

以元修菜作羹。

（五）蒌蒿满地芦芽短

蒌蒿是多年生草本植物，整株都有清香的气味，在有些地方把它作为传统时令必吃的野菜之一，人们通常采食蒌蒿地上嫩茎叶和地下的肉质匍匐茎。全草可入药，有止血、消炎、镇咳、化痰之功效，嫩茎及叶作菜蔬或腌制酱菜。宋人比较喜爱这种菜蔬，其做法简单，可以搭配肉、鱼等，口味鲜美，有种浓浓的蒿香味。不少诗人吃货们都曾写诗吟咏过，苏东坡即有"蒌蒿满地芦芽短，正是河豚欲上时"的名句。蒌蒿从颜色上看，即使煸炒也碧绿生青，引人食欲；从吃口上讲，外脆里糯，较少纤维感，并有一股浓郁的菊香，实是野菜中的上品。人们喜爱蒌蒿，自然是因为蒌蒿味道鲜美清新可口，还有一种清香宜人的味道。黄庭坚《过土山寨》诗："汤饼一杯银线乱，蒌蒿如箸玉簪横。"香脆的口感，使人回味无穷。

（六）珍蔬长蒂色胜银

芜菁即大头菜，又称蔓菁。南北均产。苏颂《本草图经》菜部卷一七载："四时仍有，春食苗，夏食心，亦谓之薹子，秋食茎，冬食根。河朔尤多种，亦可以备饥岁。菜中之最有益者惟此耳。"

萝卜为芦菔或莱菔的俗称。南北皆种，而以北方为多。苏颂《本草图经》菜部卷一七载其"有大、小二种，大者肉坚，宜蒸食；小者白而脆，宜生啖"。苏东坡很喜欢吃白萝卜，其《狄韶州煮蔓菁芦菔羹》一诗详细描述了他用蔓菁、萝卜做羹吃的场景："我昔在田间，寒疱有珍烹。常支折脚鼎，自煮花蔓菁。中年失此味，想象如隔生。谁知南岳老，解作东坡羹。中有芦菔根，尚含晓露清。勿语贵公子，从渠嗜膻腥。"在诗的前半部分，苏东坡说他早年经常支起一个折脚鼎，用蔓菁、萝卜做东坡羹吃。后来人到中年，失掉了这个味道，想起来恍如隔世。谁曾想南岳狄长老亲自做了东坡羹，里面的白萝卜还沾着清晨的露水呢。千万不要告诉那些富贵公子哥，那些人只知道大鱼大肉。其实，这些看似普通平常的时蔬孕育着最朴素的美。

荠，在宋代为一种野生植物，人们大量食用。梅尧臣《食荠》诗："世羞食荠贫，食荠我所甘。适见采荠人，自出国门南。土蠹瘦铁刀，霜乱青竹篮。携持入冻池，挑以根叶参。手龟不自饱，食此尚可惭。肥羔朱尾鱼，腥膻徒尔贪。"陆游最喜欢吃荠菜，曾作《食荠》《食荠十韵》等诗，称颂备至。如其《食荠十韵》："舍东种早韭，生计似庾郎。舍西种小果，戏学蚕丛乡。惟荠天所赐，青青被陵冈。珍美屏盐酪，耿介凌雪霜。采撷无阙日，烹饪有秘方。候火地炉暖，加糁沙钵香。尚嫌杂笋蕨，而况污膏粱。炊粳及鬻饼，得此生辉光。吾馋实易足，扪腹喜欲狂。一扫万钱食，终老稽山旁。"可见，"荠糁"是陆游的厨艺绝活。

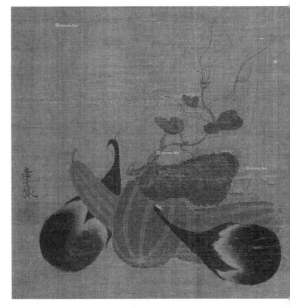

〔宋〕佚名《茄瓠图》

山药，古称薯蓣，又称山芋、山薯、白苕等。为一年生或多年生蔓性草本植物，以其肥大的块茎供人们食用。范成大《从宗伟乞冬笋山药》诗："竹坞拨沙犀顶锐，药畦粘土玉肌丰。裹芽束缊能分似，政及莱芜甑釜空。"

茄子的种植在宋代极为普遍，苏颂《本草图经》菜部卷一七载："茄子，旧不著所出州土，云处处有之。今亦然。……茄之类有数种：紫茄、黄茄，南北通有之；青水茄、白茄，惟北上多有。"郑清之《咏茄》诗："青紫皮肤类宰官，光圆头脑作僧看。如何缁俗偏同嗜，入口元来总一般。"宋人往往把茄子等时鲜蔬菜送给亲戚朋友，如黄庭坚《谢杨履道送银茄四首》诗之一写道："藜藿盘中生精神，珍蔬长蒂色胜银。朝来盐醯饱滋味，已觉瓜瓠漫轮囷。"从诗的题目中可以看出，是感谢杨履道所送的银茄而写的四首诗。诗中的银茄是一种白色的茄子，是在唐朝从新罗（朝鲜半岛）传到中原的一种新品种，颇受世人的欢迎。

到宋朝，这种蔬菜新品种还没有广泛种植，属于难得一见的稀见物。菜肴有薤花茄儿等。

冬瓜为秋冬蔬菜之一。郑清之《冬瓜》诗："剪剪黄花秋后春，霜皮露叶护长身。生来笼统君休笑，腹内能容数百人。"

黄瓜，又称胡瓜、王瓜。在宋代已成为一种普遍栽培的重要蔬菜。陆游《新蔬》诗："黄瓜翠苣最相宜，上市登盘四月时。莫拟将军春荠句，两京名价有谁知？"

茭白，别名菰菜、茭笋、菰手、茭瓜。盛产于江南。陆游《邻人送菰菜》诗："张苍饮乳元难学，绮季餐芝未免饥。稻饭似珠菰似玉，老家此味有谁知？"茭白鲊是一种以新鲜茭白为主料制成的菜肴。《中馈录》载其法："鲜茭切作片子；焯过，控干。以细葱丝、莳萝、茴香、花椒、红曲，研烂并盐拌匀。同腌一时食。"

蕨，别名蕨苔、蕨菜、龙头菜、鸡爪菜等，为一种可食用的野生

〔元〕钱选《蔬果图》

〔宋〕佚名《草虫瓜实图》中的"甜瓜"

植物，营养丰富。幼叶可作蔬菜食用；根状茎含淀粉，俗称蕨粉、山粉，可供食用或酿造。

菘，又称菘菜，为白菜的总称。叶阔大、色青的叫青菜，色白的叫白菜，淡黄的叫黄芽菜。范成大《四时田园杂兴六十首·冬日田园杂兴十二绝》之七："拨雪挑来踏地菘，味如蜜藕更肥醲。朱门肉食无风味，只作寻常菜把供。"

（七）山家三脆与满山香

山家三脆为宋代山村盛行的一道风味特色菜，以嫩笋、小蕈、枸杞头三者为主料。因这三种原料均具有甘甜香脆的特点，故名"山家三脆"。林洪《山家清供》卷下载其制法曰："嫩笋、小蕈、枸杞头，入盐汤焯熟，同香熟油、胡椒、盐各少许，酱油、滴醋拌食。"并有诗赞云："笋蕈初萌杞采纤，燃松自煮供亲严。人间玉食何曾鄙，自是山林滋味甜。"

满山香为一道以油菜为主料煮成的民间名菜。其制法据林洪《山家清供》卷下载："只用莳萝、茴香、姜、椒为末，贮以葫芦，候煮菜少沸，乃与熟油、酱同下，急覆之，而满山已香矣。"

四、"小宰羊"豆腐

（一）宋代豆腐的食用

豆腐的食用，在宋代已很普遍。这体现在两个方面：一是文献记载大量出现；二是豆腐菜肴的品种增多。

从文献记载来看，我国目前已知的"豆腐"两字最早出现是在宋初陶榖的《清异录》一书中。该书卷一载："时戢为青阳丞，洁己勤民，肉味不给，日市豆腐数个。邑人呼豆腐为'小宰羊'。"南宋时，著名诗人杨万里在《豆卢子柔传》中还以拟人的笔法介绍了豆腐的身世："腐，谐音鮒；豆卢子，名腐（鮒）之，世居外黄县，由黄豆作成，色洁白粹美，味有古大羹玄酒之风。曾隐居滁山，在汉末出现，至后魏始有所闻。"

宋代豆腐的名称较多，主要有"乳脂""犁祁""黎祁""盐酪"等。如苏轼有"煮豆为乳脂为酥"的诗句，其自注："谓豆腐也。"陆游《山庖》诗有"旋压犁祁软胜酥"之句，并自注"犁祁"为四川人对豆腐的称呼。又因豆腐由豆浆加盐卤后凝结而成，故人们也称为"盐酪"，如沈括《梦溪笔谈》卷二四载："杜生……英子……惟买盐酪则一至邑中。"郭彖《睽车志》卷六："刘先生……居衡岳紫盖峰下，间出衡山县市，从人丐得钱，则市盐酪径归。"

宋人对豆腐的营养作用也有了进一步的认识，将其与羊肉媲美，标其为"小宰羊"。而苏颂《本草图经》、寇宗奭《本草衍义》、唐慎微《证类本草》等，还记载了它的药性，用它做药品了。

豆腐价廉物美、营养丰富，因此深受人们喜爱，以至民间出现了专门的豆腐羹店，以满足人们的需要。如陆游《老学庵笔记》卷一载："嘉兴人闻人茂德，名滋，老儒也。喜留客食，然不过蔬豆而已。郡人求馆客者，多就谋之。又多蓄书，喜借人。自言作门客牙，充书籍行，开豆腐羹店。"一些商人和农户，更是将制作和贩卖豆腐当作一门容易获利的行业或手段。朱熹《豆腐》诗："种豆豆苗稀，力竭心已腐。早知淮南术，安坐获帛布。"洪迈《夷坚支庚》卷二《浮梁二土》中就载有"村民售豆腐者"。

（二）东坡豆腐、雪霞羹及其他

宋代豆腐制作的菜肴，品种较多，其中主要有东坡豆腐、豆腐羹、蜜渍豆腐、雪霞羹、煎豆腐。

东坡豆腐：苏轼很喜欢吃豆腐，认为吃豆腐对身体大有益处。他在黄州做官时，经常亲自做豆腐招待客人，朋友们高兴地称之为东坡豆腐。苏轼《又一首答二犹子与王郎见和》："脯青苔，炙青蒲，烂蒸鹅鸭乃匏壶。煮豆作乳脂为酥，高烧油烛斟蜜酒。"其中煮豆作乳脂为酥，描绘的正是制作水豆腐的情形。《山家清供》卷下载其法道："豆腐，葱油煎，用研榧子一二十枚和酱料同煮。又方，纯以酒煮。俱有益也。"由此可见其制法有二种：一是将豆腐用葱油煎后，再取一二十只香榧炒焦研成粉末，加上酱料，然后同豆腐一起煮；另一种方法，是纯用酒煮油煎过的豆腐。

雪霞羹，是用豆腐和芙蓉花合煮而成的菜肴。由于豆腐洁白似雪，芙蓉花色红如霞，故名。《山家清供》卷下载"雪霞羹"制法："采芙蓉花，去心、蒂，汤焯之，同豆腐煮。红白交错，恍如雪霁之霞，名雪霞羹。加胡椒、姜，亦可也。"这道菜不仅清淡雅致、软嫩可口，而且色泽美丽，令人胃口大开。

蜜渍豆腐，即以豆腐渍蜜而食。陆游《老学庵笔记》卷七云："（仲殊长老）豆腐、面肋、牛乳之类，皆渍蜜食之，客多不能下箸。惟东坡性亦酷嗜蜜，能与之共饱。"

煎豆腐，即用食用油煎制豆腐。北宋《物类相感志》云："豆油煎豆腐，有味。"

豆腐羹，即豆浆之类。南宋吴自牧《梦粱录》卷一六《酒肆》："更有酒店兼卖血脏、豆腐羹。"

豆浆在宋代又称"菽浆"，北宋末年出版的《李师师传》载李师师出生后，其母就死了，她父亲以豆腐浆代乳喂她，使她得以不死。

五、羹菜类菜肴

（一）名目繁多的羹菜

羹菜在宋代得到了迅猛的发展，异军突起。据《梦粱录》《都城纪胜》等书所载，羹类菜肴主要有：鹌子羹、妳房玉蕊羹、螃蟹清羹、二色茧儿羹、血粉羹、肚子羹、鲜虾蹄子羹、蛤蜊羹、薛方瓠羹、血羹、大碗百味羹、羊舌托胎羹、日百味羹、锦丝头羹、十色头羹、间细头羹、莲子头羹、百味韵羹、杂彩羹、芡叶头羹、五软羹、四软羹、三软羹、集脆羹、三脆羹、双脆羹、群鲜羹、豆腐羹、江瑶清羹、青虾辣羹、五羹决明、三陈羹决明、四鲜羹、石首玉叶羹、撺鲈鱼清羹、蛇羹、虾鱼肚儿羹、虾玉鳝辣羹，小鸡元鱼羹、小鸡二色莲子羹、小鸡假花红清羹、辣羹、蝤蛑辣羹、辣羹蟹、蚶子辣羹、灌熬鸡粉羹、石髓羹、石肚羹、诸色鱼羹、大小鸡羹、撺肉粉羹、蒿鱼羹、三鲜大熬骨头羹、诸色造羹、糊羹、头羹、笋辣羹、杂辣羹、撺肉羹、骨头羹、鸭羹、蹄子清羹、瓠羹、黄鱼羹、肚儿辣羹、土步辣羹、百宜羹、鱼辣羹、鸡羹、耍鱼辣羹、猪大骨清羹、骨槌儿血羹、杂合羹、南北羹、蛤蜊米脯羹等 60 多种。这些名目繁多的羹菜，表明它在当时已经占有非常重要的地位，成为人们日常饮食中不可或缺的菜肴。甚至宫廷御宴上也少不了它，如宋理宗谢皇后作寿，酒宴上就有肚羹、缕肉羹、索粉羹等。

（二）宋代名羹集锦

东坡羹，是苏东坡在黄州创制并以自己的名号命名的一种羹。据文献记载有二种：一种是用蔓菁、萝卜制成的。苏轼在《狄韶州煮蔓菁、芦菔羹》一诗中说："我昔在田间，寒庖有珍烹。常支折脚鼎，自煮花蔓菁。中年失此味，想象如隔生。谁知南岳老，解作东坡羹。中有芦菔根，尚含晓露清。勿语贵公子，从渠嗜膻腥。"这种羹，也就是《山家清供》卷上中所载的"骊塘羹"，其制法是："止用菜与芦菔细切，以井水煮之，烂为度，初无他法。"据作者云，此羹"清白极可爱。饭后得之，醒酲甘露未易及此。"南宋时，江西一带多用此法烧制。另一种是用荠菜为主料的荠糁。苏轼创制此羹后，曾致信给一位姓徐的友人，介绍荠糁有"味外之美"："其法：取荠一二升，净择，入淘生米三合，冷水三升，生姜不去皮，捶两指大，同入釜中，浇生油一蚬壳，当于羹上面不得触，触则生油气不可食。不得入盐醋。"并作《东坡羹颂》，进一步描述道："东坡羹，盖东坡居士所煮菜羹也。不用鱼肉五味，有自然之甘。其法以菘若蔓菁、若芦菔、若荠，揉洗数过，去辛苦汁。先以生油少许涂釜缘及瓷碗，下菜沸汤中。入生米为糁，及少生姜，以油碗覆之，不得触，触则生油气，至熟不除。其上置甑，炊饭如常法，既不可遽覆，须生菜气出尽乃覆之。羹每沸涌，遇油辄下，又为碗所压，故终不得上。不尔，羹上薄饭，则气不得达而饭不熟矣。饭熟羹亦烂可食。若无菜，用瓜、茄，皆切破。不揉洗，入罨，熟赤豆与粳米半为糁。余如煮菜法。应纯道人将适庐山，求其法以遗山中好事者。以颂问之：甘苦尝从极处回，咸酸未必是盐梅。问师此个天真味，根上来么尘上来？"据此可知，这种羹实际是把野菜和米放入一器蒸出的一种野菜糊糊，是他在黄州生活时所创制的，将菘（白菜）、荠菜（地菜）、芦菔（萝卜菜）、蔓菁（香菜）洗净，切成细末，洒上盐，腌制片刻，将苦汁逼出，用双手将其揉成团，挤出汁，去掉其中辛辣和苦涩之味，加入生姜末。将泡好的粳稻米滤干，取炖钵一只，钵内涂抹麻油，注入水，先放入菜末，再放米，将炖钵盖内涂上麻油，盖在炖钵上，盖碗时不能碰到汤上，如碰上，汤水会有生油气味，钵上扣上一只碗，放在饭甑上蒸熟，即可食用。在无菜之时，可用瓜茄之类剁碎做之。苏东坡不但自己食用，还将其方法向朋友推荐，他在寄徐十二的信中就向其介绍了"东坡羹"的制法及其功能："今日食荠根美，念君卧病，面、醋、酒皆不可近，惟有天然之珍，虽不甘于五味，而有味外之症状。"此羹在宋代颇负盛名，文人士大夫多有诗句歌吟。如惠洪《东坡羹》："分外浓甘黄竹笋，自然微苦紫藤心。东坡铛内相容摄，乞与馋禅掉舌寻。"陆游也曾如法制作，并写诗《食荠糁甚美，盖蜀人所谓东坡羹也》说："荠糁芳甘妙绝伦，啜来恍若在峨岷。莼羹下豉知难敌，牛乳抒酥亦未珍。异味颇思修净供，秘方常惜授厨人。午窗自抚膨脖腹，好住烟村莫厌贫。"认为"东坡羹"比著名的莼菜羹、奶酪都好，味之甘美，实非想象。

玉糁羹，为一种山芋和米作的羹。苏轼在一首诗中题"过子忽出新意，以山芋作玉糁羹，色香味皆奇绝。天上酥陀则不可知，人间决无此味也！"并赞曰："香似龙涎仍酽白，味如牛乳更全清。莫将南海金齑鲙，轻比东坡玉糁羹。"可见这道菜是由苏轼第三个儿子苏过创制、苏轼命名的。但林洪《山家清供》卷上却载：苏轼有一天晚上同弟苏辙饮酒，当饮得酒酣耳热之际，将萝卜敲碎，放在锅中用水煮烂，不放其他佐料，只将白米研碎做成羹。食后，认为此羹如果不是天竺酥陀，世上哪会有这样的好味道！今山东临沂有一道名叫"玉糁羹"的传统风味菜肴，但其制作却是以鸡、牛、羊等肉为主，与苏轼制法有异，此不赘述。

玉带羹，据《山家清供》卷上所载，因笋像玉、莼菜像带，故名。又由其为莼菜制成，故名莼羹或莼菜羹。如徐似道《莼羹二首（其一）》诗："千里莼丝未下盐，北游谁复话江南？可怜一箸秋风味，错被旁人苦未参。"杨蟠《莼菜》诗："休说江东春水寒，到来且觅鉴湖船。鹤生嫩顶浮新紫，龙脱香髯带旧涎。玉割鲈鱼迎刃滑，香炊稻饭落匙

155

〔清〕杨大章绘仿宋院本《金陵图卷》中的"桃子、藕、莲蓬等食材"

圆。归期不待秋风起，漉酒调羹任我年。"由此可见，此菜盛行于江南。今杭州名菜中的西湖莼菜汤，当由此发展而来。

甜羹，即用白菜、萝卜、山药、山芋等合煮而成的羹。陆游《甜羹》诗："山厨薪桂软炊秔，旋洗香蔬手自烹。从此八珍俱避舍，天苏陀味属甜羹。"自注："菘、芦菔、山药、芋作羹。"又，《甜羹之法，以菘菜、山药、芋、莱菔杂为之，不施醯酱。山庖珍烹也，戏作一绝》："老住湖边一把茅，时沽村酒具山肴。年来传得甜羹法，更为吴酸作解嘲。"

银丝羹，为熟笋细丝与绿豆粉合煮而成的菜羹。《山家清供》卷下载："用熟笋细丝，亦和以粉煮，名银丝羹。"

金玉羹，据《山家清供》卷下所载，其制法是：用切成片的山药和板栗放入羊肉汤中，然后加上佐料，熬煮而成。因栗子色似金黄、山药肉似白玉，故这道金玉羹颜色非常好看，取名为"金玉羹"。山药、栗子和羊肉都被宋人视为食补的佳品，三者合煮，自然使此汤成为荤素结合、富有营养的美味羹汤，有健脾养胃和补肾强筋的效果，非常适合冬季食用。

笋蕨羹，即用蕨芽和嫩笋合制而成的羹。在宋代士大夫的诗歌中，时常会出现春笋和蕨菜这两样蔬菜，并时常搭配制作某种食品，如笋蕨羹、笋蕨馄饨、山海兜等。如许棐《笋蕨羹》诗："趁得山家笋蕨春，借厨烹煮自炊薪。倩谁分我杯羹去，寄与中朝食肉人。"笋质爽脆，蕨菜爽滑，笋蕨馄饨等吃起来爽口度很高，带着蕨菜的野香，让人感受到浓浓的春日气息。

六、冷盘类菜肴

脯腊与腌菜是我国传统菜肴中的重要组成部分。在宋代，新兴的冷冻、生食鱼脍等成为冷盘菜肴的重要组成部分。

（一）传统的脯腊和新兴的冷冻菜

据《梦粱录》记载，临安脯腊菜肴主要有野味腊、海腊、糟脆筋、诸色姜豉、波丝姜豉、姜虾、海蛰鲊、鲜鹅鲊、大鱼鲊、鲜鳇鲊、寸金鲊、筋子鲊、鱼头酱、银鱼脯、白鱼干、金鱼干、梅鱼干、鲚鱼干、银鱼干、紫鱼螟晡丝等。这些脯腊菜有许多已成为筵席上的珍品食物。如绍兴二十一年（1151）十月，宋高宗赵构巡幸清河郡王张俊府第，张俊设宴招待，筵席上就置有肉线条子、皂角铤子、云梦犯儿、虾腊、肉腊、奶房、旋鲊、金山咸豉、酒醋肉、肉瓜齑这10味脯腊。

冷冻菜肴在宋代也迅速推广开来，品种主要有冻蛤蜊、冻鸡、冻三鲜、冻石首、三色水晶丝、冻三色炙、冻鱼、冻鳌、冻肉等10多种，它极大地丰富了人们的饮食生活。

（二）生食鱼脍

宋朝人无论江南还是中原，无论贵族还是平民，差不多都爱吃鱼生。特别是当时的大文豪几乎都爱吃鱼生，如梅尧臣、欧阳修、范仲淹、司马光、苏轼、黄庭坚等都是鱼生的忠实粉丝。但这个生鱼片可不好切，正所谓食不厌精，那得切得非常精细才行。为此，以讲究吃海鲜而闻

名的梅尧臣，经常邀请一些习气相投的文人食客来家里探讨，由此他家几乎成为当时的海鲜文化研究中心。据叶梦得《避暑录话》卷下所载，梅尧臣家里雇了一个女厨子，刀工一流，专门做鱼生。欧阳修也是个吃鱼高手，尤其爱吃生鱼片。他找遍了整个京城，都没找到切得好的人。后来偶然一次，他在好朋友梅尧臣家发现了，就是梅家的女厨子！于是，他每逢休假日，必定要上街买几条鲜鱼，拎到梅尧臣家里，让梅家的女厨师替他剖治。梅尧臣喜欢像写日记一样，将食客朋友来家吃饭的事

〔宋〕佚名《渔邨图》中的渔民饮食场景

记下一笔。比如,某月某日,"欧阳修买鲫鱼八九尾,尚鲜活,留以给膳";某月某日, "蔡仲谋遗鲫鱼十六尾"等等。就这么着,梅尧臣记下了总共数十首关于"谁谁谁来家吃鱼"的日记。韩维《答圣俞设脍示客》一诗生动地描述了此情此景: "梅侯三年江上居,盘羞惯饱鳖与鲈。客居京城厌粗粝,买鱼斫脍邀朋徒。执亲刀匕擅精巧,闺中丽人家本吴。缕裁长丝叶剪藿,饤饾自与寻常殊。霜橙捣齑饭香稻,一饱岂顾家有无。我虽目病兴不浅,坐想落纸霏红腴。雕盘隽味傥可再,赠子玉酒随长鱼。"另据邵伯温《邵氏闻见录》卷七所载,丁谓也很爱吃鱼生,他做宰相时,在东京的家里挖了一个池塘,池塘里养有几百条鱼,平时用木板盖着,每当客人来,就掀开木板,钓上几条鲜鱼,做成鱼生,现钓、现做、现吃,鲜美无比。大文豪兼大美食家苏轼在《将之湖州戏赠莘老》诗中描写鱼生: "吴儿鲙缕薄欲飞,未去先说馋涎垂。"薄如蝉翼的生鱼片感觉能被风吹走，真是绝了。他吃鱼生注重营养与口感的巧妙结合，以致吃得虚火不退，得了严重的红眼病。医生劝他少吃，他竟气愤愤地说："吃鱼生对不住我的眼，不吃又对不住我的嘴，眼睛和嘴巴都是我身体的一部分，我怎么好意思厚此薄彼呢！"不过，他对食用生鱼片抱有一定的警惕，在《东坡志林》卷一里就说："余患赤目，或言不可食脍。"由此可见，他已经意识到患结膜炎时不能吃生鱼片，否则会加重病情。同样，北宋东京的市民也爱吃鱼生。据《东京梦华录》记载，京城西郊有个金明池，里面养着无数的鲤鱼。每年阳春三月，金明池会开放几天，让市民钓鱼。这时候成千上万的市民拎着鱼竿、扛着砧板、揣着快刀和各种作料来到金明池畔，把鱼钓上来以后，就直接在岸边刮鳞去鳃，挖掉内脏，斩去头尾，剥皮抽刺，切成薄片，蘸着米醋、橙汁等调料，在池畔大吃起来。这种场面在北宋叫作"临水斫鲙"，是东京开封的一大胜景。到南宋，随着食用生鱼引发的疾病越来越多，人们对于脍的看法开始转变。哲学家、养生家真德秀更是呼吁，吃生鱼脍专门招引消化系统疾病，应跟"自死"的牲口一样，划入禁食之列。于是，生鱼脍逐渐式微，淡出了主流的餐桌。

美味佳肴
MEIWEI JIAYAO

宋代的烹饪技艺

宋代的食品烹饪取得了重大成就，具体表现在以下几个方面：一是专业分工的精细化；二是烹饪方法的变化多端；三是调味品的充分利用；四是食品菜肴造型技艺的提高。这一时期烹饪技艺进一步提高和发展，从而在中国食品烹饪史上谱写了光辉灿烂的新篇章。

一、厨事专业分工的精细化

宋代厨事中的专业分工非常明确，在宫廷、官府、贵族和富人家庭及大型饮食店肆中尤其如此。在当时，洗碗、洗菜、烧菜等都有专人负责。这种厨房中的专业分工，在宋人饮食活动中的其他方面也可见到。

（一）鲙匠和京都厨娘

"鲙匠"和供贵家雇佣的厨娘的出现，是宋代烹饪技艺发展的结果。宋代何薳《春渚纪闻》卷四《梦鲙》载："吴兴溪鱼之美，冠于他郡。而郡人会集，必以斫鲙为勤，其操刀者名之鲙匠。"由此可见，这鲙匠是一种专业的厨师，生切料理，片鱼功夫十分了得。

"京都厨娘"同样如此。洪巽《旸谷漫录》对此有非常详细的记载：京都中等收入的人家，不重生男，而重生女。每当妻子生女，则对女儿爱护如捧璧擎珠。刚等其长大，便根据其相貌和智力，教给她相应的才艺技能，以供今后有钱的士大夫选去服侍他们。所取的名目不同，有所谓身边人（即贴身服务，负责起居生活的）、本事人（主持一些

河南省洛阳市新安县厥山村北宋墓食具彩绘雕砖

外事，，跑个腿送个信，办点小事儿的人）、供过人（类似今天的采买）、针线人（做女红的人，类似裁缝）、堂前人（来客引领，负责招待的人）、杂剧人（插科打浑、分管娱乐的人）、拆洗人（负责衣物、被褥拆洗的人）、琴童棋童（懂得琴棋书画一类技艺的人，类似书童）、厨娘（负责饮食的人）等级，她们之间的等级并不相同，自然待遇也完全不同。其身份介乎于妾媵与婢女之间，都属于家妓。她们不仅为主人提供性服务，并且被主人随意买卖和转让。其中厨娘最为下色，然而也是大富大贵之家才用得起。

河南洛阳天林庙北宋墓备宴雕砖

洪巽就讲了一个京师厨娘的故事：宝祐年间，他寓居江陵时曾闻当时有一位州官曾置厨娘，对其事非常了解。这位州官出身贫寒，但当他做过一二任地方官，家中积累了一些资产后，开始厌烦原先粗茶淡饭的淡泊生活，也想像达官贵人一样享受一下。想起了曾经在某官处吃晚饭，其家便有一个京都厨娘，做菜调羹极其可口，给他留下了深刻的印象。恰好有一朋友到京城办事，他便托其物色一个京都厨娘，价格不计较。不久，受托人回信说："人已经找到了。这位京师厨娘年纪二十多岁，相貌和才艺都很好，能算能书，做得一手好饭菜。很快便可到府上服务您了。"不到一二月，这位京师厨娘果然来了。但其派头十足，待其快到主人家时，先派一个脚夫送来书信。州官看厨娘写的书信，乃其亲笔，字画端楷。从信的内容来看，这位厨娘也懂得礼仪，文化素质较高。但在信中千嘱咐、万嘱咐，一定要求主人派轿子来接，让其有点面子。总之，信中词语写得非常委曲，殆非庸碌女子所可及。于是，州官派人抬轿子去接。等这位身着红衫、翠裙的厨娘一进门，州官抬头一看，果然漂亮，容止循雅，大大超过州官原先的期望。于是，这位州官准备小范围请一些亲朋好友举杯为贺。厨娘到后积极性也很高，急于展示她高超的烹饪技艺。州官说："不要急。明天先具常食五杯五分就好了。"于是，这位厨娘请州官把要她做的食品、菜品告诉她。州官也一一在纸上写好交给她。从食单上看，食品第一为羊头签，菜品第一为葱韭，其余都是平常容易做的菜。厨娘看了州官给她列的食单位，也非常认真地用笔砚写出了制作食品所需的物料，其中：内羊头签五分，合用羊头十个；葱蒜五碟，合用葱五斤；其他物品也一一列出。州官看了厨娘列出的物料单位，有点怀疑其是否写错，因为这些物料的用量明显超出了平常厨师所需要的量。然而他当时并不指出，以免厨娘说其小气，暂且同意，而偷偷观察其使用情况。第二天早上，厨师告诉厨娘物料已经备齐。于是，厨娘拿出她

偃师酒流沟宋墓厨娘砖刻拓片，其中左二厨娘在斫鲙，左三厨娘在烹茶

的工具箱，取出锅、铫、盂、勺、汤盘之类的工具，令小婢先捧到厨房。这些厨具璀璨耀目，皆为白银制成，大约需要五十到七十两白银。其他如刀砧杂器，亦一一精致。旁观者看后，啧啧赞赏。厨娘在众人好奇的眼光下，也是利索地穿上围袄、围裙，银索攀膊，甩动胳膊，连头也不回，走进厨房，据坐在胡床上。然后慢慢地切抹批斫，惯熟条理，真有运斤成风之势。她处理羊头，先将其漉置在桌几上，然后剔留脸肉，其余全部掷之地上不要。众人问其原因，厨娘回答说："羊头除脸肉外，其余皆非贵人可以吃的。"众人觉得厨娘这样做，实在是天大的浪费，因为羊肉是宋代的大补品，普通人家一年也难得吃上一次。于是，将厨娘丢掉的羊肉拾起来放到其他的地方。厨娘看后，讥笑道："你们这些人真是狗子！"众人听后大怒，但没有语言可以批驳她，只好不答。

她治葱齑也是如此，取葱彻微过汤沸，便全部去掉须叶，然后视碟子大小，分寸而裁截之；又除去其外面的数层，只取其似韭黄一样的条心，用淡酒、醋浸喷，其余的也是丢弃在地上，毫不可惜。但她所烹制的菜肴，果然是色香味俱全，馨香脆美，济楚细腻，难以用语言来表述。吃的人都是抢着吃，桌上的菜一扫而光。吃后，大家赞不绝口，都说好吃。

等到撤席，厨娘整理了一下服装，向州官说：今天试厨，得到了大家的称赞，希望您能按惯例支付赏金。州官从来没有碰到过这种事，因此听后有点不高兴，正在犹豫之中。厨娘看后，又说：您是否想了解一下过去人家的惯例呢？于是，她从囊中取出了数幅纸，呈给州官说：这是我在某官处所得的赏赐单子。州官拿过来一看，其例每次宴会的赏赐达到数匹绢，如果是嫁娶办酒宴，则要到三二百千双匹，没有一次不付的。州官平常悭吝，见人家如此，他只得勉强拿出钱财给厨娘。但事后私下对友人说：我等家底单薄，此等筵宴不宜经常举办，此等厨娘也不宜常用。不到两个月，他就觉得负担不起她了，便以其他的借口将这位惯于操办奢侈的宴会的厨娘打发走了。

从这个故事中我们可以看出，"京师厨娘"从小便经过了非常严格的专业化职业培养，并形成了响当当的品牌。她们有专门的厨房用具，制作精良。烧起菜来，更是专业化十足："更围袄围裙，银索攀膊，掉臂而入，据坐胡床。徐起切抹批斫，惯熟条理，真有运斤成风之势。"当然，她们对制作菜品的原材料也是要求很高，"其治葱韭也，取葱彻微过汤沸，悉去须叶，视碟之大小分寸而裁截之；又除其外数重，取条心之似韭黄者，以淡酒醯浸喷；余弃置了不惜"。如此专业的厨娘，如此好的设备，如此精选的原材料，自然烧制出来的菜肴也是非常的美味可口，"凡所供备，馨香脆美，济楚细腻，难以尽其形容。食者举箸无赢余，相顾称好"。当然食客付出的成本也是惊人的，以致位居州官的人家也无法供养，只能感叹：我等家中财力有限，这样的筵宴不宜常举，这样的厨娘也不宜常用。

食品的制作同样如此，据南宋罗大经《鹤林玉露》丙编卷六《缕葱丝》载：有官员曾在京师买了一妾，自言是太师蔡京府包子厨房中的厨娘。有一天，这名官员令其做包子，她回答说不会做。这名官员责问道："你既是包子厨中的人，怎么会不能做包子呢？"厨娘回答说："我只是包子厨中负责缕葱丝的工作，怎么会做包子呢！"从这条史料中，我们不难看出，当时达官贵人家中即使是包子这样的小食品，同样有专人负责制作。

宋代达官贵人不仅对菜肴和食品的制作有非常高的要求，在饮酒上同样要求专业化的服务。即使是温酒这样小的工作，贵族家庭中也都有专人负责。元代陶宗仪《辍耕录》卷七《奚奴温酒》就记载了这样一个故事：宋朝末年，参政相公季铉翁于京城杭州寻找一位容貌才艺兼全的妾，但经十多天的寻找未能如意。忽然有一天，一个名叫奚奴的人闻讯上门，此人姿色非常漂亮，季铉翁问其有什么才艺，则回答说："只会温酒。"季铉翁左右的人听了都忍不住大笑，季铉翁却不在意，让她留在身边慢慢观察。等到季铉翁饮酒时，奚奴开始做事，起初酒甚热，第二次时略寒，第三次时已经微温，此时她才将酒递给季铉翁饮。此后，她每天像前面一样，将酒温控制在很好，让季铉翁喝起来很舒服。季铉翁开始喜欢上她，就把她带回家，将其纳为妾。季铉翁死后，其家中的财产均为奚奴所有，成为一名拥有巨额财产的富婆，人称"奚娘子"。

（二）顶级大厨：尚食刘娘子和宋五嫂

据何薳《春渚纪闻》卷一《两刘娘子报应》载：宋高宗宫中有一位女厨师刘娘子，厨艺高超，做得一手好菜，烧出来的菜让皇帝百吃不厌，无可挑剔。她专门负责宋高宗的饮食，擅长水产品烹饪，特别

宋高宗吴后像，由此可以想见当时刘娘子的形象

楼外楼前的宋嫂雕塑

是蟹，她可有独特的烹饪方式，其中有一款叫"蟹膏镶橙"的菜式，不仅味道鲜美，而且造型精美。众所周知，蟹虽然好吃，但吃起来颇费工夫，且吃相还不雅观，所以对于皇帝这样的九五之尊，自然是不能在餐桌上不顾吃相地吃螃蟹的。为此刘娘子把蟹肉煮熟后，将蟹肉和蟹黄用竹签剔下，再下锅加姜、醋进行烹炒，入味后便装入挖去橙肉的橙皮中，最后上笼蒸制，使蟹肉中灌入橙香。刘娘子资格很老，她在宋高宗登基之前就在赵构的藩府做菜了，赵构想吃什么菜，她就在案板上切配好，烹制成熟后献食，深受赵构喜爱。赵构登基以后，刘娘子也进入皇宫，担任御厨。由此，刘娘子心系宋高宗的龙体，专心研究药膳。原本宫廷御膳都是要御厨和御医共同开发的，但是刘娘子除精通厨艺之外，还对中医药膳有所研究，所以她一人便可完成药膳的制作，使得这一时期的宫廷菜得到了高度的发展，也为后世提供了借鉴。"红燠鸡"便是刘娘子开发的菜品之一，在鸡汤中加入藏红花、鹿寿草、冬虫夏草等药材精心制作而成，具有滋补肺肾，治疗虚劳虚损，益气补精，温中添髓的功效，深受高宗喜爱。按照宫廷礼制规定：主管皇帝御食的负责官员叫尚食，是个五品官，只能由男人担任，从来没有女子担任的情况。故此按规定，刘娘子身为女流，不能担当此官。然而因为刘娘子做的菜实在太对皇帝胃口、也太让皇帝满意了，所以朝廷就破格提拔她为难得一见的五品官宫廷御厨，人称"尚食刘娘子"。由此可见，刘娘子就是我国历史上第一个女御厨。[①] 宋五嫂，为宋代著名的民间女厨师。原是北宋都城东京（今河南开封）饮食店中的厨娘，精于烹饪，尤其擅长制作鱼羹和鱼菜。靖康元年 (1126)，东京沦陷，宋五嫂随着难民人流南下，寓居在南宋都城临安城钱塘门外的西湖边。临安处东南沿海，城内外水产丰富。于是，宋五嫂又在这里重开了一家小饭店，从事老行业。她以醋为主要佐料，辅之以生姜、大蒜、糖、盐等，烹制了一道色、香、味独特的新颖鱼菜，取名为"醋溜鱼"。又以鳜鱼（或鲈鱼）蒸熟后取肉拨碎，再添加配料烩制而成鱼羹。因此羹形味近似蟹羹，色泽黄亮，鲜嫩滑润，故又称赛蟹羹。由于这些菜肴风味独特，迅速成为临安著名的"市食"之一，众多食客纷纷慕名而来。杭州有民谚赞曰："桃花春水鳜鱼肥，宋嫂巧烹赛蟹羹。"据周密《武林旧事》卷七记载，淳熙六年（1179）三月十五日，太上皇赵构到西湖游览，特命过去在东京卖鱼羹的宋五嫂上御舟侍候。宋五嫂用鱼给高宗烧了一碗鱼羹，高宗食后赞美不已，"赐金钱十文、

---

① 邢湘臣：《漫话宋代厨娘》，《中州今古》1995 年第 4 期；邢湘臣：《宋代厨娘琐谈》，《文史杂志》1996 年第 5 期；胡好梦：《中国古代十二大名厨之六 刘娘子篇》，《美食》2018 年第 3 期；《宋代美厨娘 上得厅堂，下得厨房》，《餐饮世界》2019 年第 3 期。

郑州下庄河宋墓壁画《庖厨图》

银钱一百文、绢十匹，仍令后苑供应泛索"。从此以后，宋五嫂的醋
溜鱼和鱼羹名扬京城，达官贵人纷纷前来品尝，宋五嫂"遂成富媪"。
而城内各家酒楼菜馆也竞相仿制，醋溜鱼遂成当地一道经久不衰的传
统风味佳肴。杭州的楼外楼、五柳居等，就是因为经营醋溜鱼而数百
年久盛不衰。

二、烹饪方法的变化多端和调味品的充分利用

（一）烹饪方法的变化多端

宋代烹饪技法变化多端，仅从菜肴食品名称中观之，就有蒸、煎、煮、熬、炸、炒、炙、烤、煨、烧、燃、焐、熻、焙、燠、焗、撺等二三十种之多。

蒸是一种常见的烹饪方法，即利用沸水的热气使物品变熟、变热。宋代常见的蒸菜主要有：蒸芋、蒸羊、素蒸鸭、蒸饼、脂蒸腰子、间笋蒸鹅、蒸软羊、酒蒸羊、虾蒸假奶等。

煎的烹调方法也颇为常见，即在锅里放少量油，加热后，把食物放进去使表面变黄，今日常见的煎法有煎鱼、煎豆腐等。宋代的煎菜，见于文献的有：煎货糍饵、煎鲑鱼、煎卧乌、煎鱼、簷蔔煎（又名端木煎）、樱桃煎、麦门冬煎、假煎肉、山煮羊、菊苗煎、肉煎鱼、煎鹅事件、煎黄雀、煎小鸡、煎白肠、煎豆腐、煎鲞、煎肉、煎肝、煎鸭子、煎鲚鱼等。

煮即把食物放在有水的锅里烧熟。宋代利用这种烹饪方法制作的菜肴有：山煮羊、煮蟹、煮螺蛳、鼎煮羊、鼎煮羊麸等。

熬是为了把食物的鲜味充分表现出来，把其放在容器里久煮的一种烹饪方法。宋代利用这种烹饪方法制成的菜肴主要有：熬螺蛳、红熬小鸡、假熬鸭、红熬鸠子、辣熬野味、熬野味、熬鸭、熬肝事件、熬肉蹄子、熬肉、熬鹅。羊臛就是利用此法制成。羊臛详称羊肉臛臛，一般俗写为"糊糊"，来源于古代的"肉羹"，历史悠久。做糊糊的

原汤是带骨髓的羊骨头熬成的。其制法是将羊肉切碎成小片，掺入上等粳米，用文火入汤焖焌，成糊状稀粥。调和以胡椒为主，突出一个"辣"字。一般在冬季早晨开锅，经过数小时熬煎，回味无穷。吃起来香喷喷，辣呼呼，热流涌遍全身，非常舒适。

烙是把食物放在烧热的器物上焙熟，宋代以此方法烹饪而成的菜肴有"烙润鸠子"。

燠是把食物埋在灰火中煨熟，草里泥封，塘灰中燠之。宋代这种烹饪方法制作而成的菜肴主要有：燠鸡、燠鸭、燠肝、罐裏燠、燠鳝鳗、燠团鱼。

焐是指食物经腌制后，用荷叶等包裹，再用湿泥或面团裹封，置入炭火中致熟的烹调方法。宋代这种烹饪方法制作而成的菜肴主要有

济南青龙桥宋墓炊事壁画

"酒焰鲜蛤"。

焊：焊猪鹅。

烧的烹调方法有二：一是先用油炸，再加汤汁来炒或炖，或先煮熟再用油炸，如烧茄子、红烧鲤鱼；二是烤，如叉烧、烧鸡。宋代利用烧的烹饪方法制成的菜肴主要有：烧猪、烧猪肝、烧羊、烧饼、烧羊头、生烧酒蛎、酒烧香螺、酒烧江瑶、烧芋。

炙即烤，"贯串而置于火上"，可以理解为现代意义上的烤串，即将食品烤熟。宋代利用炙的烹饪方法制成的菜肴主要有：炙鳅、炙鳗、炙猪肉、鸳鸯炙、炙獐、炙鹿、炙肚胘、炙鹌子脯、炙焦、五味炙小鸡、小鸡假炙鸭、假炙江瑶肚尖、炙犯儿、炙赤蟹、炙鸡、炙鹅。

煿，是指煎炒或烤干食物。宋代利用煿的烹饪方法制成的菜肴主要有：煿金煮玉、荷包煿肉。

炸是一种把原料放入多油的热锅中，用旺火或温火使熟的烹饪方法。宋代利用炸的烹饪方法制成的菜肴主要有：鸳鸯炸肚、香螺炸肚、牡蛎炸肚、假公权炸肚、蟑蛆炸肚、炸肚胘、油炸春鱼、油炸鲂鱼、油炸石首、油炸、油炸假河豚、炸肚山药、炸肚燥子蚶、杂炸、炸白腰子。

炒是一种把食物放在锅里加热并不断翻动使熟的烹饪方法。宋代开始有了铁锅，人们发现炒菜真是个好东西，于是就迅速抛弃了烧烤，把炒菜当成了主食。当时利用炒的烹饪方法制成的菜肴主要有：炒沙鱼衬汤、鳝鱼炒鲎、南炒鳝、炒白腰子、腰子假炒肺、炒鸡薹、银鱼炒鳝、炒鸡面、炒螃蟹、炒田鸡。

煨的烹饪方法是把原料放在锅中，加较多的水，用文火慢煮，物烂时再放进盐，如宋代的煨牡蛎。或者把食物直接放在带火的灰里烧熟，如宋代的煨芋。

燔的烹饪方法不详，当与火有关，宋代利用这种烹饪方法制成的菜肴主要有：燉石首鱼、燉鲻鱼。

焙是一种用微火烘烤食品的烹饪方法。宋代利用这种烹饪方法制成的菜肴主要有：焙腰子、荔枝焙腰子、五味焙鸡、笋焙鹌子、八焙鸡。

熝是一种闷蒸的烹饪方法。宋代利用这种烹饪方法制成的菜肴主要有：熝小鸡、熝鲇鱼。

炊是指炉灶吹火以烧煮食物。宋代利用这种烹饪方法制成的菜肴主要有"酒炊淮白鱼"等。

焅即煮，即把食物放在锅里用慢火煮。宋代利用这种烹饪方法制成的菜肴主要有：羊杂焅、焅湖鱼糊。

腊，早在先秦《周礼》《周易》等文献中就有相关的记载。其本义是"干肉"，亦指一种肉类食物的处理方法，把肉类以盐或酱腌渍后，再放于通风处风干。岁末十二月，即小寒至大寒期间，这时候的天气云量较少，且少雨干燥，吹西北季候风，肉类不易变质，且蚊虫不多，最适合风干制作腊味。宋代利用这种烹饪方法制成的菜肴主要有：海腊、野味腊等。

脯，为肉干。宋代此类菜肴主要有：脯小鸡、米脯鲜蛤、米脯淡菜、米脯风鳗、米脯羊、米脯鸠子、脯鸡、鹿脯、鱼脯。当时有一道名菜，相传是苏东坡烹饪鱼鲜的独特方法，叫"东坡脯"。南宋陈元靓《事林广记》卷一三载其制作方法："鱼取肉，切作横条。盐腌片刻时，粗纸渗干。先以香料同豆粉拌匀，却将鱼条用粉为衣，轻手捶开，麻油揩过，熬熟。"

撺同"汆"，即把食物放到沸水里稍微煮一下就捞出。宋代利用这种烹饪方法制成的菜肴主要有：撺香螺、撺望潮青虾、撺蟑蚷、撺鲈鱼清羹、撺小鸡、清撺鹌子、清撺鹿肉、清撺黄羊、清撺獐肉、科头撺鱼肉。

脍即把鱼、肉等食物细切，切成薄片。古代有一句话，叫做"食不厌精，脍不厌细"，意思是粮食越精致越好，肉类切得越细越好。宋代利用这种烹饪方法制成的菜肴主要有：香螺脍、海鲜脍、鲈鱼脍、鲤鱼脍、鲫鱼脍、鲦鱼脍、群鲜脍、生脍十色事件、水晶脍。

掇即摘取。酒掇蛎即为酒泡摘取的新鲜海蛎。

酿即酒。酿笋、酿鱼、酿黄雀，即用酒泡制的相关食品。

酢、醯即醋。醯鸡、鸡酢均是指净醋加工而成的鸡类菜肴。

醋，即用食醋泡制。宋代利用这种烹饪方法制成的菜肴主要有：醋赤蟹、醋白蟹等。

润，制法不详。宋代利用这种烹饪方法制成的菜肴主要有：润熬獐肉炙、润江鱼咸豉、润骨头。

糟是用酒或酒糟腌制的食品。宋代利用这种烹饪方法制成的菜肴主要有：糟羊蹄、糟蟹、糟鹅事件、糟脆筋。

（二）调味品的充分利用

宋人对调味品的使用已经十分普遍。他们在食品烹饪中往往利用酒、盐、酱、醋、糖及各种香料等，使食品菜肴五味调和，形成更加鲜美可口、丰富多彩的复合味。

酒在调味品中的作用非常显著，仅以酒命名的菜肴就有盐酒腰子、酒蒸鸡、酒蒸羊、酒烧香螺、酒掇蛎、生烧酒蛎、姜酒决明、酒蒸石首、酒蒸白鱼、酒蒸鲫鱼、酒法白虾、五味酒酱蟹、酒焐鲜蛤、酒香螺、酒江瑶、酒蛎等数十种。在这上述数十种菜肴中，酒在调味中无疑起到了非常重要的作用。至于一般菜肴中使用酒为调味品的，则更是不胜枚举了。如林洪《山家清供》中所载的拨霞供、蟹酿橙、莲房鱼包等，都曾使用酒为调味品。

醋在《清异录》中被誉为"食总管也"，其在调味品中的地位也

〔清〕冯宁仿宋院画《金陵图》中售卖酒醋和水果的店铺

不亚于酒,如宋代菜肴名称中就有醋赤蟹、醋白蟹、枨醋洗手蟹、枨醋蚶、五辣醋蚶子、五辣醋羊、醋鳖等。

为了使食品菜肴形成丰富全面的复合味,更加鲜美可口,宋人往往是将多种调味品混合使用。如《中馈录》所载的"肉生法":"用精肉切细薄片子,酱油洗净,入火烧红锅爆炒,去血水,微白即好。取出切成丝,再加酱瓜、糟萝卜、大蒜、砂仁、草果、花椒、桔丝、香油伴炒肉丝。临食加醋和匀,食之甚美。"鱼酱法:"用鱼一斤,切碎洗净后,炒盐三两,花椒一钱,茴香一钱,干姜一钱,神曲二钱,红曲五钱,加酒和匀,拌鱼肉,入瓷瓶封好,十日可用。吃时,加葱花少许。"

从当时菜谱所载的烹饪调味过程来看，大体上分三步进行：首先是基本调味，以油品熬制或浸渍食物原料，以保鲜润色；然后是辅助调味，利用茴香、花椒、姜末、胡椒等除腥去膻，增香助味；最后是定型调味，加入盐、醋、葱、酒等，使食品菜肴达到五味调和的美食境界。①

---

① 陈伟明：《唐宋饮食文化初探》，中国商业出版社，1993年，第23页。

结　语

　　讲好中国故事，是习近平总书记在党的二十大报告中历史性地提出"推进文化自信自强，铸就社会主义文化新辉煌"的重要举措。[①] 以美食为媒，打破文化差异壁垒，深化文明交流互鉴，可以推动中华文化更好地走向世界，展现可信、可爱、可敬的中国形象。而宋韵美食无疑是最具代表性的，它不仅能够满足人民群众对于美好滋味的品味，还可以体验美食背后宋人内敛清雅的文化趣味。以宋韵美食为抓手，让"宋韵文化传世工程"在具体实施过程中，更加"亲民、近民"，努力形成宋韵饮食文化深入挖掘、保护、提升、研究、传承的工作体系，对于高水平推进宋韵文化的创造性转化，具有重要意义。

　　宋韵美食在历史上留下了丰富的"遗风雅韵"，对于我们现代人的健康饮食理念、思想认知以及烹饪生活实践都有重要的启示和指导意义。

---

　　① 习近平：《高举中国特色社会主义伟大旗帜 为全面建设社会主义现代化国家而团结奋斗》，《人民日报》2022 年 10 月 26 日，第 1 版。

〔宋〕张择端《清明上河图》中的饮食店

一、宋韵美食的形成原因

宋代农业技术的发展和农产品的丰富，为当时的饮食业提供了充足的饮食原料。在这一时期，各种动植物被宋人充分利用，变成可食性食材，扩大了菜谱的原料选择。主粮有稻、麦、粟、黍、粱等；副食的原料也极其丰富，除鸡、鸭、鹅、猪、羊等肉食类禽畜外，水产品同样丰富，北宋晁补之《七述》所记杭州水产，"鱼则鲻鲂鳣鲲、鲈鳜鳊鲤。黄颡黑脊，丹腮白齿。江鲟之醢，石首之羹。或腊而枯，或脍而生。白鳗青鳖，黄鱼黑蟹，鲓鱼花蛤，车蛾淡菜。蛙白肖鸡，螺辛类芥。鼎调瓯饳，牛咰狢喀"；蔬菜的品种也比过去有了较大的增多，已达近百种；瓜果已经成为人们日常所食，仅《乾道临安志》卷二《今产·果》所记杭州本地的果品就有橘、橙、梅、桃、李、杏、柿、栗、枣、瓜、梨、莲、芡、菰、藕、菱、枇杷、樱桃、石榴、木瓜、林檎、杨梅、

〔宋〕李嵩《卖浆图》

鸡头、银杏、甘蔗等 25 种；酱、豉是发酵类食品，还有盐、糖、蜜、醋、猪油、麻油等调味品。可以说，有宋一代，集我国古代饮食生活之大成，为中国古代传统饮食结构最终定型打下了基础，此后元明清基本不变，至近世亦是如此。

在这一时期，商业经济发展迅速，作为衡量城市经济的晴雨表，饮食业步入繁盛期，从而使人们可以很方便地享受到美食。以南宋都城临安（今杭州）为例，饮食行业经营多样化，饮食店铺遍布城内外。从其经营的食品特色来看，可分为分茶店、面食店、羊饭店（又称肥羊酒店）、犯鲊店、南食店、菜面店、素食店、羹店、菜羹饭店、衢州饭店等数种；从食品店饮食的菜系与风格上看，又可分为北馔、南食、川饭三大类；从经营的规模来看，首推分茶店，羊饭店、川饭店、南食店、菜面店、素食店、衢州饭店等次之，可以说，饭店档次高、中、低均有，品类齐全，可以适应不同层次、来自不同地区食客的需要。经营规模空前扩大，超大型的酒楼和茶肆纷纷涌现，能够承办千人以上的宴食。饮食行业的分工已经非常精细，除有上门服务的"四司六局"外，还出现了供贵家雇佣的厨娘。从经营者的籍贯来看，既有本地的，也有许多来自北方的经营者，如著名的鱼羹宋五嫂（在钱塘门外）、羊肉李七儿、妳房王家、血肚羹宋小巴之类，就是从东京迁来的美食店。从菜肴的用料及制作来看，比较突出的是海味菜和鱼菜的兴起以及菜点艺术化倾向的出现。烹饪方法极其丰富多样，调味品得到了充分的利用，食品菜肴的造型技艺也得到了很大的提高。后世出现的几大菜系，在临安都已具雏形，特别是通过"南料北烹"的技艺发展和口味创新，它融汇了临安和东京（今开封）两大帝都饮食文化，形成了现在的"杭帮菜"。正是杭州民众的日常参与、南来北往客商的民间商贸活动，才让南宋以来的杭城全日制经营现象逐渐成为常态，一座"不夜城"屹立在京杭大运河与钱塘江边。至今"杭帮菜"仍在长三角乃至全国发挥重大的影响。

二、传统宋韵美食思想的当代价值

宋人的美食生活充分传递了一种优秀的生活哲学——感恩自然，珍惜粮食。宋人对食物的尊重，对粮食的珍惜和节约，值得我们当代人学习。

在这一时期，士大夫更为关注内心世界的和谐，他们往往通过聚焦生活中的细节，来彰显个人的内心价值倾向和政治态度。北宋著名文学家、书法家黄庭坚在《士大夫食时五观》一文中说道："古者，君子有饮食之教，在《乡党》《曲礼》，而士大夫临樽俎则忘之矣！故约

宋宴复原图（浙江旅游职业学院厨艺学院制作　徐吉军、周鸿承指导）

宋宴 南

厨艺学院
25

释氏法，作士君子食时五观。"在参考传统儒家经典教义和佛教思想后，他提出了所理解的士大夫应该坚守的"饮食之教"，即：（1）计功多少，量彼来处；（2）忖己德行，全缺应供；（3）防心离过，贪等为宗；（4）正事良药，为疗形苦；（5）为成道业，故受此食。黄庭坚"饮食五观"的精神思想，代表了一批宋代知识分子对于日常生活的态度。南宋时的倪思就极力赞赏黄庭坚的观点，他说：黄庭坚作《食时五观》，"其言深切，可谓知惭愧者矣。余尝入一佛寺，见僧持戒者，每食先淡吃三口。第一，以知饭之正味，人食多以五味杂之，未有知正味者。若淡食，则本自甘美，初不假外味也。第二，思衣食之从何而来。第三，思农夫之艰苦。此则五观中已备其义"。南宋著名史学家郑樵提出的"食养六要"，也是北宋以来以黄庭坚为代表的一大批士大夫的饮食生活理念。即："食品无务于骰杂，其要在于专简；食味无务于浓酽，其要在于淳和；食料无务于丰赢，其要在于从俭；食物无务于奇异，其要在于守常；食制无务于脍炙生鲜，其要在于蒸烹如法；食用无务于餍饫口腹，其要在于饥饱处中。"上述黄庭坚等人提出的宋人饮食思想大致可以归纳为：（1）节约粮食，反对铺张浪费；（2）饮食有礼，提倡"尊老爱幼"；（3）健康饮食，主张"内敛清雅"的饮食心理；（4）食医合一，做到"举箸常如服药"；（5）饮食有德，推崇"食与德配"。

此外，宋人有关"安人之本，必资于食"的民食政策，"食无精粝，适口者珍"的烹饪加工思想，"饮食调治，食治养老"的食疗理念，对于当代社会管理以及国人的饮食生活，具有重要的借鉴意义。当你置身在一个城市有关美食的故事里，可以品读到这个城市的味觉遗香、美食灵魂、生活情趣，更能读出这个城市深邃、厚重文化内涵中的人间烟火气息。有了美食，城市才有了温度，城市生活才更"有滋有味"，人们对这座城市才有归属感和认同感。我们才能够真正的理解为何老饕苏轼所说的"雪沫乳花浮午盏，蓼茸蒿笋试春盘。人间有味是清欢"

会成为千古名句，流传至今。

三、宋韵美食文化的保护与传承

宋代传承至今的优秀美食思想和哲学观念，为我们的"精神共富"注入了新的内容。让"宋韵美食活起来"，离不开人民群众在"餐桌上的参与"。人民群众对美好生活的向往，最基础的"向往"就是"吃饱、吃好"，我们应该进一步挖掘宋韵美食文化内涵，丰富宋韵美食内容，让城市的宋韵美食遗香，不断地出现在国人的餐桌上。用舌尖来保护和传承宋韵美食，才是我们最好的选择。

宋韵美食文化的资源，主要集中在北宋孟元老《东京梦华录》，南宋林洪《山家清供》、耐得翁《都城纪胜》、吴自牧《梦粱录》、周密《武林旧事》、西湖老人《繁胜录》以及宋元之际的《吴氏中馈录》等文献中。一些烹饪制法不甚详细的菜肴菜点，可借鉴并参考《饮膳正要》《醒园录》《随园食单》等饮食古籍进行研发与复原。这些宋代美食文献或菜谱图书中的美味佳肴，值得我们去挖掘与传承。如李婆婆杂菜羹、三色肚丝羹、蝤蛑辣羹等羹汤类美食；羊捣四件、捣香螺、鼎煮羊、白炸春鹅、灌肠等煮制类美食；酒蒸石首、盏蒸羊、鳖蒸羊等蒸制类美食；炒鳝、炒螃蟹、炒白虾等家常炒菜；群仙炙、炙鳗、莲花鸭签等煎炸炙类美食；入炉炕羊、炕鸡、炕鹅等烧烤类美食；海鲜脍、水晶脍、虾枨脍、姜醋生螺等生腌美食；麻脯鸡、脯鸭等脯腊食品。

人间烟火气，最抚世人心。烹饪是美好生活的重要组成部分，是情感表达的最佳载体。宋韵美食不仅留给我们当代人各种名肴佳馔、点心小吃，也带来了最能引起我们情感共鸣的各种饮食节俗和节令美食。宋人在春节、元宵、清明、端午、七夕、中秋等重要传统节日期间的美食生活样式，让现代人的节俗生活与古人的宋式风情实现"双向奔赴"。而宋代的巧粽、角粽、百味馄饨、汤圆、蓬糕、大耐糕、广寒糕、馓子、饺子、兜子和炒团……各种名目的点心小吃，令人目不暇接。这些宋韵美食传承至今，一些宋代的"味觉遗香"在历史浪潮中逐渐地被遗忘、被丢失，如馉饳、酸馅、兜子等北宋东京时期的诸多特色面食，已经难寻踪迹。祖先留给我们的宋韵美食，值得我们去保护与传承。把两宋时期居民的宴饮生活礼仪、主副食、名肴佳馔、烹饪技艺以及饮食风俗等优秀传统文化与当代人美好生活结合起来，才能真正地保护和传承好宋韵美食文化。

四、杭州要打响"宋韵美食之都"的城市品牌

树立宋韵美食的品牌宣传意识，讲好宋韵美食故事，传递美食文化自信。宋韵美食文化资源丰富的城镇应进一步打造宋韵传统美食文化展示传播平台，形成层次丰富、渠道宽泛、形式多样的展示传播新格局。宋代饮食文化的传播，要努力做到现实与历史交织、高雅与大众交汇，增强文化自信和文化凝聚力。针对海外传播，可借鉴 BBC 纪录片《杜甫》成功经验，纪录片以杜甫诗为主线，生动呈现杜甫颠沛的生平经历、深厚的爱国情怀、沉重的忧患意识，同时也呈现出当时宏大的历史背景、纷繁的乱离镜像及细致的市井风貌。如欧阳修、苏东坡、陆游、杨万里等，可与宋韵美食故事结合的名人大 IP 有很多。苏东坡是人们耳熟能详的"吃货""美食家"，跟他有关的宋代美食名肴如东坡肉、东坡豆腐、东坡二红饭、东坡粽、东坡肉脯、羊蝎子等，极具故事性和传播性。以苏东坡起起伏伏的一生为主线，充满艰辛与自洽精神的流放生涯，结合宋人士大夫的美食生活，会在全社会乃至国际上引起重大反响。

一个懂得尊重文化的城市，才称得上是真正意义的现代城市，而一个有文化的城市，才称得上有自己的灵魂。目前的城市文化建设中，具有人间烟火气的美食旅游城市还很稀缺。在传播与彰显城市宋韵美食文化特色时，尤其要注意利用好城市公共文化空间的"宋韵"。依

杭州市餐饮学会的宋宴展示

托杭州、绍兴、嘉兴、宁波、湖州等历史文化名城的宋韵美食资源，
在城市公共服务设施、公园绿地、广场及重要廊道等公共空间，连片
成线建设宋代美食文化空间地标。要将宋韵美食产业与旅游业、餐饮业、
文创业相结合，积极打造宋韵美食街（镇）、"宋韵美食之都"城市品牌。
杭州作为休闲美食之都，完全可以考虑打造"宋韵美食之都"城市品牌，
将振兴宋韵美食产业作为杭州实现共同富裕、文化先行的重要举措。

主要参考文献

[宋]孟元老：《东京梦华录》，中华书局 2020 年版。

[宋]林洪：《山家清供》，中国商业出版社 1985 年版。

[宋]浦江吴氏：《吴氏中馈录》，中国商业出版社 2022 年版。

[宋]吴自牧：《梦粱录》，浙江人民出版社 1984 年版。

[宋]四水潜夫：《武林旧事》，浙江人民出版社 1984 年版。

[宋]西湖老人：《西湖老人繁胜录》，中国商业出版社 2023 年版。

[宋]耐得翁：《都城纪胜》，中国商业出版社 2023 年版。

[宋]江少虞：《宋朝事实类苑》，上海古籍出版社 1981 年版。

[宋]陈世崇：《随隐漫录》，上海古籍出版社 2012 年版。

[宋]苏轼：《东坡志林》，中华书局 1981 年版。

[宋]陆游：《老学庵笔记》，中华书局 1979 年版。

陈高华、徐吉军主编：《全彩插图本中国风俗通史丛书（宋代风俗）》，上海文艺出版社 2017 年版。

徐海荣主编、徐吉军副主编：《中国饮食史》（6 卷本），杭州出版社 2014 年版。

王仁兴：《中国饮食谈古》，中国轻工业出版社 1985 年版。

何忠礼、葛金芳、徐吉军、范立舟等：《南宋全史》，上海古籍出版社 2016 年版。

陈伟明：《唐宋饮食文化初探》，中国商业出版社 1993 年版。

陈野主编、徐吉军等著：《宋韵文化简读》，浙江人民出版社 2021 年版。

胡坚：《宋韵文化创意》，浙江工商大学出版社 2022 年版。

徐吉军：《宋代衣食住行》，中华书局 2018 年版。

徐吉军：《南宋临安工商业》，人民出版社 2009 年版。

后　记

　　"宋朝的美食，一千年来影响了世界，影响了人类生活。"宋代美味佳肴及其背后的思想理念和生活哲学，是两宋文化中优秀的文明元素和宋韵内在精神的重要组成部分，是传承至今的中国人餐桌上的文化遗产。我们能够有机会完成这样一部既具有重要文化价值，又具有人间烟火气息的图书，无不说明"浙江文化研究工程"研究视域的开阔以及学术研究的无穷乐趣。

　　法国传奇美食哲学家、《厨房里的哲学家》作者萨瓦兰曾经说过："对于人类而言，发现一道全新美食比发现一颗新星更令人感到幸福愉悦。"本书的编撰，系统而直观地展示了宋代我国人民餐桌上的品类丰富的粥饭、面条、馒头、包子、面饼等主食，以及各式各样的特色肴馔、点心小吃。宋代家厨以及各位美食家们利用在宋代就已经非常常见的烹、烧、烤、炒、爆、熘、蒸、煮、炖、卤、腊、蜜、酒、冻、签、腌、兜等烹饪方法，在古籍里留下了各种美味佳肴组合而成的宋式宫廷御宴、精致家宴以及清雅文人宴等。

　　宋代大文豪层出不穷，留下许多脍炙人口的饮食诗词。在我们当代人的眼里，苏东坡甚至化身成我国宋代最会品味的"美食家"，最会写诗的"吃货"。事实上，宋代其他大文豪如陆游、范成大、杨万里以及宋代《邵氏闻见录》《夷坚志》等笔记小说中，都为我们留下丰富的宋代饮食生活图景以及美食故事。

通过我们的研究和梳理，尤其是通过图文并茂的阐释方法以及根据文献古法复原的宋宴及各式菜肴和点心小吃，让我们一步步地揭开宋代美味佳肴的神秘面纱，让我们为读者娓娓道来一道道宋式佳肴的前世今生。

在本书的编撰过程中，宋韵文化传承研究中心专家委员会召集人胡坚、杭州市社会科学院原副院长周膺研究员审阅了本书初稿，并提出了宝贵而中肯的意见，使本书的质量得到了进一步的提升；浙江省餐饮行业协会会长沈坚以及中国烹饪大师胡忠英、叶杭胜、董顺翔等对本书的编纂和出版给予了诸多的关心支持；杭州出版社有限公司陈波董事长、尚佐文总编辑、杨清华副社长在出版中给我们提供方便，责任编辑杨安雨、美术编辑祁睿一等精心编辑。在此，我们一并表示衷心的感谢！

编者

2023 年 6 月

"宋韵文化生活系列丛书"跋

 2021年8月，省委召开文化工作会议，对实施"宋韵文化传世工程"作出部署。在浙江省委宣传部、杭州市委宣传部及上城区委宣传部领导和指导下，杭州宋韵文化研究传承中心牵头抓总，组织中心学术咨询委员会专家具体承担"宋韵文化生活系列丛书"编撰工作。

 浙江省委始终高度重视文化强省建设，在深入推进浙江文化研究工程的同时，部署实施"宋韵文化传世工程"，着力构建宋韵文化挖掘、保护、提升、研究、传承工作体系，让千年宋韵在新时代"流动"起来，"传承"下去。在浙江省社科联的大力支持下，本套丛书被列为"浙江文化研究工程"重大项目。经过一年多努力，丛书编撰工作顺利推进，并取得阶段性成果。

 丛书共16册，以百姓生活为切入点，力求从文化视角比较系统地叙述两宋时期与百姓生活密切相关的重要文明史实、重要文化人物与重要文化成果，期望通过形象生动的叙述立体呈现宋代浙江的文脉渊源、人文风采与宋韵遗音，梳理宋代浙江文化的传承发展脉络。这项工作，得到了省内外众多高校与研究机构的积极响应，也得到了史学界、文学界及其他领域众多专家学者的全力支持。各位专家学者承接课题以后，高度重视、精心谋划、认真写作，按时完成撰稿，又经多领域专家严格把关，终于顺利完成编撰出版工作。

在丛书编撰出版过程中，我们突出强调三方面要求：一是思想性。树立大历史观，打破王朝时空体系，突出宋韵文化的历史延续性，用历史、发展、辩证的眼光，从历史长河、时代大潮中把握宋韵文化历史方位，全面阐释宋韵文化特色成就，提炼其具有历史进步意义的文化元素，让每一位读者通过阅读这套丛书，对宋韵文化形成基本的认知，对两宋文化渊源沿革有客观的认识。二是真实性。书稿的每一个知识点力求符合两宋史实，注重对与文化紧密相关的经济、外交、军事、社会等领域知识的客观阐述，使读者对宋代文明的深刻内涵、独特价值及传承规律形成科学的认识，产生正确的认知。三是可读性。文字叙述活泼清新，图片丰富多彩，助力读者开卷获益，在阅读中加深对宋韵文化多层面、多视角的感知与体悟。我们希望这套成规模、成系列的通俗类图书的出版，能对全省宋韵文化研究与传承工作起到推动促进作用。

在丛书即将付梓之际，谨向参与丛书组织领导和撰稿的专家学者表示衷心的感谢！向所有为这套丛书编辑出版提供支持帮助的朋友表示诚挚的感谢！

"宋韵文化生活系列丛书"编纂委员会

2023 年 4 月 17 日